李毓佩数学故事

彩图版
冒险系列

数学国奇遇记

李毓佩 著

U0249335

长江出版传媒 长江少年儿童出版社

鄂新登字 04 号

图书在版编目（ＣＩＰ）数据

彩图版李毓佩数学故事. 冒险系列. 数学国奇遇记 / 李毓佩著.
—武汉：长江少年儿童出版社，2018.10
ISBN 978－7－5560－8736－5

Ⅰ.①彩…　Ⅱ.①李…　Ⅲ.①数学—青少年读物　Ⅳ.①O1-49

中国版本图书馆 CIP 数据核字（2018）第 164826 号

数学国奇遇记

出 品 人：何龙
出版发行：长江少年儿童出版社
业务电话：（027）87679174　（027）87679195
网　　址：http://www.cjcpg.com
电子邮箱：cjcpg_cp@163.com
承 印 厂：中印南方印刷有限公司
经　　销：新华书店湖北发行所
印　　张：5.25
印　　次：2018 年 10 月第 1 版，2023 年 11 月第 7 次印刷
印　　数：46001—49000 册
规　　格：880 毫米×1230 毫米
开　　本：32 开
书　　号：ISBN 978-7-5560-8736-5
定　　价：25.00 元

人物介绍

1

小派

本名袁周（爸爸姓袁，妈妈姓周），恰好出生在 3 月 14 日，数学成绩又特别好，所以大家亲切地叫他"小派"（小 π）。爱动脑筋，思维敏捷，遇紧急情况能沉着应对。

2

奇奇

小派的好朋友。好奇心很强，数学底子有些薄弱，又有点冒冒失失。

3

零国王

在数学王国里，"零"并不代表"没有"，他像孙悟空的金箍棒一样，有无限大的神通——能让一个数变大或变小！

4

1司令　　2司令

分别是奇数军团和偶数军团的司令，原本是死对头，都认为奇数或偶数是最重要的，谁也看不起谁。

目 录
CONTENTS

一场莫名其妙的战争

"打仗啦！打仗啦！"奇奇一溜烟似的跑进了屋。小派正在专心做题，奇奇这一喊，把他吓了一跳。

"哪里打仗啦？"小派问。

"山那边。"奇奇抹了一把头上的汗，上气不接下气地说，"山那边来了两支军队，真刀真枪地打得可凶啦！小派，你听，这隆隆的炮声有多清楚！"小派侧耳细听，隐约地真有枪炮声。

"大人们一直不让咱们到山那边去玩。"小派假装生气了。

奇奇挠挠头，一副可怜相："可是，能看看打仗，该多有意思呀！"

小派和奇奇是好朋友。小派功课很棒，曾在区里、市里的数学比赛中得过奖；奇奇好说好动，功课倒也说得过去。

"哈哈，我逗你玩哪！走，咱们到山顶上看看去。"小派说完，拿起望远镜，拉着奇奇就往山上跑。

　　到了山顶，小派举起望远镜向山那边看。嘿，两支军队打得还挺热闹。一支军队穿着红色军装，每名士兵胸前印着一个挺大的号码：8，10，12，14……都是偶数；另一支军队穿着绿色军装，胸前的号码是5，7，9，11……是清一色的奇数。

　　"嘿！真有意思，奇数和偶数打起仗来啦。咱们下去看看。"小派拉着奇奇的手就往山下跑。没跑几步，他们听到草丛中有人哭泣，小派拨开青草一看，只见一个衣着华丽的胖老头，正蹲在那里呜呜地哭呢！胖老头听见响动，回头问："谁？"

　　"是我。"小派见这个人胸前的号码是0，便问，"你是 0 号？你怎么躲在这儿哭呀？"

"我不是 0 号，我就是 0。"胖老头说完，上下打量着小派和奇奇，"你们胸前都没有写数，看来你们不是我们整数王国的人啰！"

"什么整数王国呀？我们俩都是中华人民共和国的公民。"奇奇笑嘻嘻地介绍，"我叫奇奇，他叫小派，他的数学学得可棒啦，在区里、市里都得过奖！"

小派捅了奇奇一下："别瞎吹牛！"

听完奇奇的介绍，胖老头眼睛一亮，高兴地说："欢迎！欢迎！你们哥儿俩来到了一个神奇的世界，这就是由我——零国王统治的整数王国。"

奇奇眨巴眨巴眼睛问："你既然是高贵的国王，为什么一个人躲在这儿哭呢？"

"咳！一言难尽哪！"零国王刚想往下说，忽然响起了嘹亮的军号声，只见偶数队伍中亮出一面大红旗，旗上写着 3 个斗大的字——"男人数"，旗下站着一位军官，他身穿元帅服，足蹬高筒马靴，腰挎指挥刀，模样十分威武，胸前写着一个"2"。这名军官把手向前一举，大喊一声："伟大的男人数，冲啊！"偶数像潮水一样向奇数冲了过去。

奇数这边也站着一位同样模样的军官，他胸前写的是"1"。他把手向上一举，大喊："奇数兄弟们，给我顶住！"

双方部队相遇，刀光剑影，杀声震天，战斗进入了高潮。

奇奇看得直发愣，问："零国王，这到底是怎么回事？"

零国王先往奇数那边一指，说："那名军官是奇数军团的 1 司令。"他又往偶数那边一指，说："那名军官是偶数军团的 2 司令。他们俩分别是正奇数和正偶数中最小的两个数，是我的左膀右臂呀！"

奇奇有了问题："难道最小的正整数就能当司令？"

"不，不。"零国王摇摇头说，"他们俩都有一些特殊的本领。就拿 2 司令来说吧，用他可以轻而易举地判断出，一个整数是不是偶数。"

奇奇笑笑说："这个我知道。凡是能被 2 整除的整数就是偶数；反之，不能被 2 整除的就是奇数呗。"

零国王高兴得直拍手："对，对，你说得很对！"

小派问："偶数为什么自称是男人数？"

"哎！问题就出在这个男人数上。"零国王解释说，"2司令特别崇拜古希腊的数学家毕达哥拉斯。毕达哥拉斯曾把偶数叫男人数，把奇数叫女人数。2 司令觉得这种说法很有意思，就逼着我把偶数和奇数改名为男人数和女人数。他说这样一改就和人一模一样了。"

奇奇急着问："你同意了吗？"

"我没同意呀！你想，奇数和偶数是说明数的性质，叫什么男人数、女人数，没有道理。难道叫偶数都留上胡子，叫奇数都梳上小辫？"

零国王一番话，逗得小派和奇奇一个劲儿地笑。零国王扭头看了一眼两军厮杀的战场，说："再说1司令也不同意呀！2司令见我们不同意就急了，他把偶数军团拉了出去，逼着我们同意。1司令一气之下，把奇数军团也拉了出去，两边开战了。这样一来，可苦了我喽，我成了光杆国王啦！"说到这儿，零国王又想哭。

小派赶紧劝说几句："零国王，你不要太伤心了。我觉得这是一场莫名其妙的战争，有什么办法制止他们打仗吗？"

零国王一拍大腿："办法倒是有一个。"

你中有我，我中有你

奇奇忙问："有什么好办法？"

零国王十分神秘地说："2司令最听毕达哥拉斯的话，如果你能用毕达哥拉斯的话来劝他，他一定会听。"

"我试试看。你带我去见2司令吧！"小派想做调停人。零国王痛快地领着他们哥儿俩去了。

2司令已经杀红了眼，挥舞着指挥刀左杀右砍，零国王叫了他好几声，他才从战场上下来。

零国王指着小派和奇奇介绍说："这哥儿俩想找你谈谈。"

2司令抹了一把头上的汗，气势汹汹地说："没看见我正在指挥战斗吗？有话快说！"

小派心平气和地问："听说2司令最听数学家毕达哥拉斯的话？"

2司令梗着脖子嚷："哼！伟大的毕达哥拉斯的话，谁敢不听？"

小派微笑着问："2司令，伟大的毕达哥拉斯曾提到过相亲数，你知道吗？"

"相亲数？没听说过。"

"毕达哥拉斯经常说，'谁是我的朋友，就会像220和284一样。'后来，人们就把相亲数作为友谊的象征。"

小派的话引起了2司令的兴趣。他把指挥刀插入刀鞘："你快给我讲讲，这相亲数到底是怎么回事？"

小派先提了一个问题："谁能把220和284的真因数都找出来？"

"这个容易。"零国王眼珠一转，说，"220的真因数有11个，它们是1，2，4，5，10，11，20，22，44，55，110；284的真因数只有5个，即1，2，4，71，142。"

小派在地上做加法：

$$1+2+4+5+10+11+20+22+44+55+110 = 284$$
$$1+2+4+71+142 = 220$$

"你们看，"小派指着两个算式说，"220的所有真因数之和等于284，而284的所有真因数之和又恰好等于220。这两个数是你中有我，我中有你，相亲相爱，永不争斗！"

"哦，是这么回事。"2司令忽然又有重大发现，"哈哈！这两个相亲数都是我们偶数,偶数就是比奇数讲团结,重友谊。偶数万岁！"说到这儿,2司令有点控制不住自己喜悦的心情,又唱又喊,高兴极了。

小派把话锋一转："毕达哥拉斯还说过,奇数和偶数是相生而成的数,偶数加1变成了奇数,奇数加1变成了偶数,所以说奇数和偶数是关系十分亲密的兄弟。兄弟情谊深似海,不能在名字上做文章,损害了兄弟的感情。"

小派的一席话,说得2司令低下了头。他喃喃地说："还是毕达哥拉斯说得对呀！小派,你能不能告诉我,哪些对偶数是相亲数,今后我将另眼看待他们。"

小派说："你先收兵行吗？"

"好吧。"2司令抽出指挥刀向空中一举,大喊,"鸣锣收兵,偶数军团全体集合！"

"当当……"一阵锣声,偶数军团的士兵全部撤了下来,排成整齐的方队。

2司令整理了一下衣服,往队伍前面一站,对全体偶数讲话："偶数弟兄们,我们这里来了两名学生。他们喊到谁,谁就出列。注意,每次都同时喊两个数,这两个数出列之后要站在一起,不许分开！听懂了没有？"

全体偶数齐声回答："听懂啦！"

2司令高声叫道："220、284出列！"

"是！" 220 和 284 迈着整齐的步伐向前走了 5 步，并迅速靠在一起。

2 司令很客气，对小派说："请你把相亲数都叫出来。"

小派高声叫道："17296 和 18416，9363544 和 9437056 出列！"这两对数乖乖地走了出来。

2 司令问："这两对相亲数也是伟大的毕达哥拉斯找到的？"

"不，不。"小派解释，"这两对相亲数是 17 世纪法国数学家费马找到的。"

2 司令双手用力一拍："哈，我找到毕达哥拉斯第二了，他就是数学家费马！"

"但是，在相亲数方面贡献最大的，应该是 18 世纪瑞士数学家欧拉。他在 1750 年一次就公布了 60 对相亲数，人们以为这一下把所有相亲数都找完了。"

2 司令更加激动了，他紧握着双拳叫道："哈哈，我又找到了毕达哥拉斯第三，他是瑞士数学家欧拉！欧拉，欧拉，伟大的欧拉！"

小派和奇奇看到 2 司令滑稽的模样，觉得十分可笑。

小派对 2 司令说："还有一个使你激动的消息。当人们以为欧拉把相亲数都找完了的时候，1866 年，年仅 16 岁的意大利青年巴格尼，发现了一对比 220 和 284 稍大一

点的相亲数 1184 和 1210。这样一对小的相亲数，前面提到的几位大数学家竟然没有发现。"

"1184 和 1210 出列！"2 司令大声命令并走上前去和他们俩热烈拥抱，"差一点儿把你们俩给漏掉了，看来巴格尼应该是毕达哥拉斯第四啦！"

奇奇拍拍 2 司令的肩头，说："2 司令，这么一会儿你就多任命出三个毕达哥拉斯，真够快的呀！哈哈……"

零国王问 2 司令："这场战斗是不是可以停下来了？咱们还是以团结为重，不要再打了。"

2 司令稍微想了想，说："战斗可以停止，不过要答应我一个条件。"

零国王忙问："什么条件？你说说看。"

总出难题的 2 司令

小派见 2 司令愿意停战，心里很高兴："2 司令有什么要求只管提！"

2 司令先让零国王把奇数军团的 1 司令请来。他斜眼看了一下 1 司令，说："我们偶数可以不叫男人数，你们奇数也可以不叫女人数。但是，偶数和奇数在性质上有很大区别，这一点必须提醒你们注意！"说着，2 司令从地上拾起 9 个小石子，分成两堆，一只手握一堆。

2 司令说："1 司令，我一只手握着偶数个石子，另一只手握着奇数个石子。你若能猜出我哪只手拿的是偶数个，哪只手拿的是奇数个，我就停战。"

"这个……" 1 司令摸着脑袋直发愣。

小派略加思考，说："请 2 司令把你左手的石子数乘以 2，再加上右手的石子数，这个计算结果是奇数还是偶数呢？"

2 司令回答："是奇数。"

小派马上说："你左手拿的是偶数个石子，右手拿的

是奇数个石子。"

2司令张开双手一看，左手里是4个石子，右手里有5个石子。

2司令挠挠脑袋问："你搞的什么鬼把戏？"

"小派的把戏我知道。"奇奇眨着大眼睛说，"不管是奇数还是偶数，用2一乘，乘积肯定是偶数，加上你右手的石子数结果得奇数。由于偶数只有和奇数相加才能得奇数，这不正说明你右手拿的是奇数个石子吗？"

"嗯。"2司令明白了。他眼珠一转，又提出一个问题："由于我们尊敬的零国王是偶数，说明偶数就是比奇数伟大。"

"也不见得。"小派摇摇头说，"数之所以受到人们的重视，不仅因为可以记数，还因为能进行运算。"

"这话不假。我们每个数的腰上都有4把运算钩子，钩到哪个数，就与哪个数进行运算。"说着，2司令撩开衣襟，他的腰带上挂有加法钩子、减法钩子、乘法钩子和除法钩子。

小派问："2司令，在四则运算中，你说哪种运算是最基本的运算？"

"当然是加法啰！减法是加法的逆运算，乘法是加法的简捷运算，比如2×5就是5个2相加嘛！而除法又是乘法的逆运算。有了加法这个主要运算，减、乘、除法也就跟着产生了。"2司令对四则运算间的关系了如指掌。

小派给2司令出了个难题："你们伟大的偶数，能不能用加、减两种运算，把所有的奇数表示出来呢？"

2司令手中拿着加法钩子，一下子钩住了数4，成了4+2，一股白烟过后，4+2没了，变出一个6来。

零国王摇摇头说："4加2等于6，可是6还是偶数呀！"

新变成的6倒地一滚，又变成了4+2。2司令从数4身上摘下加法钩子，紧接着又用减法钩子钩住数4，成了4-2，一股白烟过后，4-2没了，又变出一个2司令来。

2司令折腾了好一阵子，也没能用加法钩子、减法钩子变出一个奇数来。2司令擦了把汗，说："怪事！连一个奇数也变不出来。"

这下1司令可神气了。他向前走了一步，说："伟大的偶数用加法、减法得不出奇数，但是我们这些平凡的奇数可以表示出你们伟大的偶数来。"说着，1司令举起减法钩子，钩住了数3，成了3-1，一股白烟过后，3-1没了，多出一个2司令。数5也不怠慢，他用减法钩子钩住了数7，成了7-5，又一股白烟过后，出现了第三个2司令。接下去，每相邻的两个奇数都做了一次减法，一阵阵白烟过后，眼前出现了千千万万个2司令。

零国王赶紧拦阻说："别变了，别变了！都变成了2司令，谁来当小兵呀！"于是，这些新变的2司令倒地一滚，又变回为3-1，7-5，11-9……

小派笑着对2司令说："对于加、减运算来说，偶数是跑不出偶数军团这个圈儿的，而奇数可以表示出偶数。"

显然，2司令并不服气。他经过一段时间考虑，似乎胸有成竹了："才不是呢！只用加、减法，我们偶数照样能表示奇数。"

零国王小声对2司令说："别开玩笑，我怎么不知道有这么回事呢？"

"绝不开玩笑，只是需要您来帮一下忙。"2司令在地上写了一行算式：

$$2^0 = 1, \quad 2^1 = 2, \quad 2^2 = 4, \quad 2^3 = 8\cdots\cdots$$

2 司令解释："这种运算叫作乘方运算，也有人把它叫作第五种运算。它表示同一个数连续相乘。比如，$2^3 = 2 \times 2 \times 2 = 8$，右上角的指数是几，就表示有几个 2 相乘。你们说吧，想要表示哪个奇数？"

奇数 11 站出来问："能表示我吗？"

"没问题。"2 司令一个旱地拔葱，蹦得很高，落地跌成 3 个数：2^0，2^1，2^3。只见 2^1 举起加法钩子钩住了 2^0，2^3 举起加法钩子钩住了 2^1，成了 $2^0 + 2^1 + 2^3$。他们刚想变，被 1 司令拦住了。

1 司令忙说："慢着，先不着急变出得数。我要请教一下，2^0 应该是 0 个 2 相乘，请问这 0 个 2 相乘得几呀？"

"这……"2 司令眼珠一转，说，"我们整数王国规定，2^0 表示一个最傻的数！"

1 司令忙问："这个最傻的数究竟是谁？"

知识点 解析

奇妙的数列

数列是以正整数集为定义域的函数，是一列有序的数。数列中的每一个数都叫作这个数列的项，排在第一位的数被称为这个数列的第 1 项（通常也叫作首项），排在第二位的数被称为这个数列的第 2 项，依此类推，排在第 n 位的数被称为这个数列的第 n 项，通常用 a_n 表示。

所有连续奇数 1, 3, 5, 7, 9……有这样一个特征：后一个数减去前一个数都等于 2，像这样的一列数其实是公差为 2 的等差数列。故事中，2 司令运用乘方运算变出了一列数： $2^0=1$, $2^1=2$, $2^2=4$, $2^3=8$……，这列数有这样一个特征：后一项除以前一项都等于 2，像这样的一列数其实是等比为 2 的等比数列。

等差数列和等比数列在数学中有重要的地位，也是一个很有趣的知识点。

考考你

计算 $2+4+6+8+10+12+14+16+18+20+22+24+26+28+30$ 的和是多少。

谁是最傻的数

1司令弄不清谁是最傻的数。2司令指着1司令的鼻子说："最傻的数就是你！"

"啊！"1司令听罢这话，立刻暴跳如雷，唰的一声把宝剑抽出，就要和2司令拼命。

小派赶忙过来拦住："1司令息怒。2司令有意开个玩笑。不过，数学上确实规定 $2^0 = 1$。"

2司令冲1司令做了个鬼脸，接着大喊一声："变！"一股白烟过后，$2^0 + 2^1 + 2^3$ 不见了，变出一个11来。

"好啊！"偶数军团发出一阵欢呼声。数4站出来说："只用2司令一个偶数，就可以把所有奇数都表示出来，2司令真伟大！"数11倒地一滚，又变回了 $2^0 + 2^1 + 2^3$。

2司令摘下加法钩子，得意地说："怎么样？偶数照样可以表示奇数吧！"

小派笑着摇摇头："2司令真是聪明过人。不过你用的乘方已不是加、减法了。"

奇奇在一旁说："不按要求做，不算数！"

2司令眼珠一转，对奇奇说："咱们先不谈运算。就拿你们人类来说，也是偏爱我们偶数。单拿成语来讲，就有'成双成对''四通八达''四海为家''四平八稳''十全十美''百发百中'，等等，都是形容美好事情的。这里面都是用我们偶数来形容的！"

数8也插上一句："尤其是'无独有偶'这句成语，最能反映你们人类喜欢偶数，厌恶奇数！"

"不对，不对！"奇奇摇着头说，"我写作文时最爱用的是'一帆风顺''一日三秋''一马当先''三令五申''九牛一毛'，这些成语中一个偶数都没有。"

2司令走近一步问："难道你连一个带偶数的成语也不用？"

"那倒不是。有时也用上几句，比如'八面玲珑''千疮百孔''十恶不赦'，可惜没有一个好词！"

奇奇的一番话，引得奇数军团发出阵阵喝彩声。2司令却气得话都说不出来了。

小派瞪了奇奇一眼，小声说："你别捣乱！不能扩大奇数和偶数的矛盾！"他赶紧出来打圆场："其实在成语中，更多的是奇数和偶数同时出现，比如'一目十行''三头六臂''七上八下''五颜六色'，等等。奇数、偶数各有所长，谁也离不了谁，团结在一起才大有用处。"

零国王左手拉着 1 司令，右手拉着 2 司令，下达命令："你们俩握手言和！今后谁也不许闹分裂，否则我严惩不贷！"

1 司令和 2 司令都有大将风度，不仅握手，还拥抱在一起，用手拍打对方的后背。

"哈哈……"零国王见两位司令和好如初，高兴地仰面大笑。

突然，一个分数跑来对零国王说："不好了，分数王国发生内讧，$\frac{1}{10}$ 国王请您去帮忙调解一下。"

"啊？有这种事？那咱们快去看看吧！"说完，零国王拉着小派和奇奇，直往分数王国跑去。

知识点 解析

2的幂次方

故事中，2司令运用 $2^0+2^1+2^3$ 变出了奇数11。其实，按照这种方法，只用2司令一个偶数，就可以把所有奇数都表示出来。

这是因为，数学上规定 $2^0=1$，由于2的 n 次幂是 n 个2相乘，一定是偶数，再加上1，和就是一个奇数了。

考考你

你可以用2的若干个幂次方的形式表示出41吗？

古今分数之争

零国王一行到了分数王国，听到那儿吵吵嚷嚷乱作一团。$\frac{1}{10}$ 国王看到零国王来了，如同见到救星，赶忙请零国王来评评理。

零国王先对 $\frac{1}{10}$ 国王点头致意，随后对全体分数说："有什么大不了的事，值得你们这样大吵大闹的？"

零国王话音刚落，$\frac{1}{11}$ 就跳出来问："人类提倡尊老爱幼。咱们数的大家庭中，是不是也应该尊敬年老的数呀？"

"应该，应该！"零国王点点头说，"尊重老年数，也是我们的一种美德。"

1 司令问："在你们分数中，哪些数是老年数？"

$\frac{1}{11}$ 高傲地把头一扬："最老的分数应该是我们古埃及分数。"

"古埃及分数？我只听说过古埃及的金字塔和木乃伊，从没听说过还有什么古埃及分数。"奇奇觉得挺新鲜。

$\frac{1}{11}$ 解释说："古埃及分数包括 $\frac{2}{3}$ 和所有的单位分数，比如 $\frac{1}{2}$，$\frac{1}{3}$，$\frac{1}{4}$……一句话，单位分数就是分子是1的分数。"

奇奇问："你们古埃及分数有多大年纪啦？"

"现在保存在大英博物馆的古埃及纸草书中，就有关于古埃及分数的记载。这份纸草书是大约公元前1650年，由一个叫阿墨斯的人写成的。这样算起来，离现在已有3000多年了。"

"啊！"奇奇惊讶地说，"你们有3000多岁了，真是数中的老寿星呀！"

$\frac{7}{8}$在一旁没好气地说："他们古埃及分数总是倚老卖老，其实并没有什么真本事，恐怕连一个其他分数都表示不成！"

"什么？"$\frac{1}{8}$跳出来大叫，"$\frac{1}{2}$、$\frac{1}{4}$站出来，咱们给他做个加法。"

$\frac{1}{4}$用加法钩子钩住$\frac{1}{2}$，$\frac{1}{8}$又用加法钩子钩住$\frac{1}{4}$，成了$\frac{1}{2}+\frac{1}{4}+\frac{1}{8}$。噗！一股白烟过后，出现在大家面前的是$\frac{7}{8}$。

奇奇拍着手说："$\frac{7}{8}$可以用三个古埃及分数来表示，真有意思。"说着，三个古埃及分数又恢复了原样。

$\frac{1}{8}$摇晃着脑袋对$\frac{7}{8}$说："怎么样？把你都表示出来了吧！服不服？"

"哼，没什么了不起！"

"没什么了不起？"$\frac{1}{8}$转身从后面端出7个大面包，对$\frac{7}{8}$说，"这里有7个面包，都一样大小。你把这7个面

包平均分成 8 份，请零国王和 $\frac{1}{10}$ 国王吃，请 1 司令和 2 司令吃，请小派和奇奇这两位小客人吃，咱俩也一同陪着吃。你来分吧！"

$\frac{7}{8}$ 心中暗喜：你这道题算是出对路子啦！7 个面包由 8 个人平分，每人分得的正好是我——$\frac{7}{8}$ 个面包。想到这儿，$\frac{7}{8}$ 笑着说："这还不容易，我把每个面包都切成 8 等份，分给每个人 7 份不就成了吗？" $\frac{7}{8}$ 拿起刀就要切。

"慢！" $\frac{1}{8}$ 拦住 $\frac{7}{8}$，说，"把面包切成那么多小块，似乎对客人不够尊重。要求分给每位客人 $\frac{7}{8}$ 个面包，但块数不得超过 3 块，请分吧！"

"这个……" $\frac{7}{8}$ 举着刀，琢磨了半天也无从下手。他心想：每人分得的块数不能多于 3 块，这能办到吗？他别蒙我！ $\frac{7}{8}$ 反问 $\frac{1}{8}$ ："你会分吗？"

"我不会分，能让你分吗？" $\frac{1}{8}$ 挥手把 $\frac{1}{2}$ 和 $\frac{1}{4}$ 又叫了出来。他把其中 4 个面包交给了 $\frac{1}{2}$，2 个面包交给 $\frac{1}{4}$，最后一个面包自己留下，然后把手向下一挥，喊了声："开始分！"

$\frac{1}{2}$ 用刀把 4 个面包每个都平均切成 2 份，一共分了 8 份； $\frac{1}{4}$ 把 2 个面包每个都平均切成 4 份，一共也分了 8 份； $\frac{1}{8}$ 把手中的一个面包平均分成了 8 份。

$\frac{1}{8}$ 拿了一块大的、一块中等的、一块小的，说："这 3 块合在一起正好是 $\frac{7}{8}$ 个面包。"说着给每人分了 3 块面包。

奇奇一想， $\frac{1}{2}+\frac{1}{4}+\frac{1}{8}=\frac{7}{8}$，便跷起大拇指称赞说："你这个分法真巧妙！"

$\frac{1}{8}$ 得意地说："怎么样？姜还是老的辣嘛！我们古埃及分数不但资格老，用途还大呢！"

零国王被说服了，他对小派说："古埃及分数还真有两下子，我看可以给他们点特殊照顾。"

小派笑了笑没说话，他走到 1 司令身边，小声对 1 司令说了几句。1 司令站出来对 $\frac{1}{8}$ 说："朋友，如果你能用

8 个分母是奇数的古埃及分数，把我 1 司令表示出来，我就同意给你们特殊照顾。"

$\frac{1}{8}$ 盯着 1 司令沉思了一会儿，挥手叫出 8 个分母是奇数的古埃及分数，令他们做加法：

$$\frac{1}{3}+\frac{1}{5}+\frac{1}{7}+\frac{1}{9}+\frac{1}{11}+\frac{1}{15}+\frac{1}{35}+\frac{1}{45}$$

噗的一股白烟过后，这 8 个分数变成了一个 $\frac{230}{231}$。

1 司令指着 $\frac{230}{231}$ 说："他比我还差一点呀！"

$\frac{1}{231}$ 跑过来说："再加上我就正好等于 1 啦！"

1 司令摇摇头说："不成，不成。再加上你就是 9 个古埃及分数啦，我要的是 8 个。"

$\frac{1}{8}$ 一声令下，让 $\frac{1}{35}$ 和 $\frac{1}{45}$ 下去，由 $\frac{1}{21}$ 和 $\frac{1}{315}$ 来代替，又做了次加法：

$$\frac{1}{3}+\frac{1}{5}+\frac{1}{7}+\frac{1}{9}+\frac{1}{11}+\frac{1}{15}+\frac{1}{21}+\frac{1}{315}$$

结果变出来的还是 $\frac{230}{231}$。

$\frac{1}{8}$ 一会儿调换这个数，一会儿调换那个数，折腾了半天，也不能用 8 个分母是奇数的古埃及分数表示出 1 司令。

小派拦住 $\frac{1}{8}$ 说："好了，不用再折腾了。我们的数学家已经证明，用分母是奇数的古埃及分数的和来表示 1，仅有 8 种方法，每一种表示方法都不少于 9 个古埃及分数。"

$\frac{7}{8}$ 撇着嘴对 $\frac{1}{8}$ 说："连表示一下 1 司令，都至少要 9 个古埃及分数，你们使用起来可真够麻烦的。"

$\frac{1}{8}$ 自知理亏，低头不语。他猛一抬头看见了 2 司令，立刻高兴地说："虽然表示 1 司令麻烦了一点，但是对于 2 司令，我们可有绝招！"

知识点 解析

单位分数的运用

故事中，要求把 7 个面包平均分给 8 个人，每个人正好分得 $\frac{7}{8}$ 个面包，但每个人分得的面包数不能超过 3 块。最后的解决办法是：用三个单位分数的和来表示 $\frac{7}{8}$，也就是 $\frac{1}{2} + \frac{1}{4} + \frac{1}{8} = \frac{7}{8}$。其实，任何一个真分数都可以写成几个不同的单位分数之和。

考考你

有 17 只鸡，要分给姐妹三人，规定只能分活鸡，老大分得 $\frac{1}{9}$，老二分得 $\frac{1}{3}$，老三分得 $\frac{1}{2}$。该怎样分？你能帮帮她们吗？

古埃及分数的绝招

$\frac{1}{8}$对 2 司令说："我们古埃及分数的神奇作用，将在 2 司令身上充分体现出来。"

"我？"2 司令被说得有点丈二和尚——摸不着头脑。

$\frac{1}{8}$问零国王："您知道什么是完全数吗？"

"当然知道。作为堂堂的整数王国的国王，我能连完全数都不知道？"零国王解释，"古希腊的数学家发现了一种具有特殊性质的正整数，它可以用除去本身之外的所有约数之和来表示，古希腊数学家认为这种数最高尚、最完美，就给它取名为完全数。"

零国王来了精神，他对大家说："看我来给你们表演一番。数 6 过来！"

数 6 迈着正步走到零国王面前，向零国王行了个举手礼。谁知零国王一言不发，举起手来在 6 的头上猛击一掌，大喊一声："给我分解开来！"

数 6 被击倒在地，他在地上顺势一滚，一股白烟过

后，数 6 不见了，出现在大家面前的是一个连乘积：
$1 \times 2 \times 3$。数 2 和数 3 迅速摘掉乘法钩子，变成了 1，2，
3 三个数。

零国王指着这三个数说："这 1，2，3 就是 6 的约数。"

零国王把左手向上一举："你们给我做个加法！"1，
2，3 乖乖地用加法钩子连在一起，成了 $1 + 2 + 3$。噗的一
股白烟过后，$1 + 2 + 3$ 变成了 6。

零国王得意地对大家说："看见了没有？ 6 就有这种
完美的性质。我还告诉大家，6 是最小的完全数。"

接着，零国王又把 28，496，8128 叫了出来，如法炮
制，结果是：

$1+2+4+7+14=28$

$1+2+4+8+16+31+62+124+248=496$

$1+2+4+8+16+32+64+127+254+508+1016+2032+4064=8128$

这四个数的精彩表演得到了大家阵阵热烈掌声。

零国王当众宣布：6，28，496，8128是前四个完全数。

"真棒！"奇奇跷着大拇指说，"完全数的性质真美妙呀！"

听到奇奇的夸奖，零国王更来了精神。他大声说道："美妙的还在后面哪！来数！"零国王一声令下，只见1司令，2司令，3，4，5，6，7一共7个连续整数，整齐地排成一排。除1司令外，他们各自掏出加法钩子，依次钩好。零国王喊了一声："变！"他们立刻变成了完全数28，即：

$$1+2+3+4+5+6+7=28$$

零国王又把手一挥，说："再来！"从数8到数31都站了出来，他们掏出加法钩子，接着往下钩。一声"变"，又出现了完全数496，即：

$$1+2+3+\cdots+30+31=496$$

零国王接着变化出：

$$1 + 2 + 3 + \cdots + 126 + 127 = 8128$$

"真有意思!"奇奇拍着手说,"每个完全数都可以用从 1 开始的连续正整数的和来表示,妙极啦!"

看奇奇这样高兴,零国王也越发兴奋。他跳起来说:"咱们再来点新鲜的!"零国王跑到奇数军团中连挥了三下令旗。只见奇数军团中一阵忙乱,然后摆出了三个式子:

$$1^3 + 3^3 = 28$$
$$1^3 + 3^3 + 5^3 + 7^3 = 496$$
$$1^3 + 3^3 + 5^3 + 7^3 + 9^3 + 11^3 + 13^3 + 15^3 = 8128$$

"了不起!了不起!完全数又可以用从 1 开始的连续奇数的立方和来表示。"奇奇被这一系列变化所吸引。

奇奇一回头,看见 $\frac{1}{8}$ 站在那儿一个劲儿傻笑。奇奇好奇地问:"你乐什么?这些精彩的表演都是显示完全数的奇妙性质,与你们古埃及分数可无关哪!"

"嘿,关系可大了!"$\frac{1}{8}$ 摇晃着小脑袋说,"我也给你露一手!"

$\frac{1}{8}$ 把完全数 6 的所有约数 1,2,3 连同 6 自己全部叫了出来。$\frac{1}{8}$ 走上前去,毫不客气地给每个数一脚,把他们都踢了一个倒栽葱。说也奇怪,这些整数一倒栽葱之后,都变成了古埃及分数:1 变成 $\frac{1}{1}$,2 变成了 $\frac{1}{2}$,3 变成了 $\frac{1}{3}$,

6 变成了 $\frac{1}{6}$。

奇奇吃惊地问："这是怎么回事？"

$\frac{1}{8}$ 笑笑说："你怎么忘了？ 2 和 $\frac{1}{2}$ 互为倒数，3 和 $\frac{1}{3}$ 互为倒数，同样 6 和 $\frac{1}{6}$ 互为倒数。一个整数来个倒栽葱后，必然变为他的倒数——一个古埃及分数。"

"那么古埃及分数来个倒栽葱，必然会变成一个整数喽！"

"对，对极啦！" $\frac{1}{8}$ 拍了拍奇奇的肩头，说，"你很聪明嘛！"

$\frac{1}{8}$ 把 28 的所有约数 1，2，4，7，14 连同 28 叫了出来，给每个数"赏"了一脚，他们分别变成了 $\frac{1}{1}$，$\frac{1}{2}$，$\frac{1}{4}$，$\frac{1}{7}$，$\frac{1}{14}$ 和 $\frac{1}{28}$。

$\frac{1}{8}$ 对 496 及所有约数来了个同样的招数，接着命这些古埃及分数分别做加法：

$$\frac{1}{1}+\frac{1}{2}+\frac{1}{3}+\frac{1}{6}$$

$$\frac{1}{1}+\frac{1}{2}+\frac{1}{4}+\frac{1}{7}+\frac{1}{14}+\frac{1}{28}$$

$$\frac{1}{1}+\frac{1}{2}+\frac{1}{4}+\frac{1}{8}+\frac{1}{16}+\frac{1}{31}+\frac{1}{62}+\frac{1}{124}+\frac{1}{248}+\frac{1}{496}$$

$\frac{1}{8}$ 大喊一声："变！"一股白烟过后，三个和式都不见了，却变出来三个 2 司令。

"真妙哇！"奇奇激动地说，"完全数以及他的约数的倒数和，都等于 2。这真是不可思议呀！"

$\frac{1}{8}$ 得意地说："服不服？这就是我们古埃及分数的神奇作用在 2 司令身上的体现！奇奇，你说说，我们古埃及分数年岁这么大，本领又如此神奇，该不该受到点特殊照顾？"

奇奇不假思索地说："应该，应该……"奇奇一回头，见小派正瞪着他，知道自己说得不够妥当，一吐舌头，赶紧不说了。

这时，零国王为难地问小派："你看，这该怎么办？"

知识点 解 析

神奇的完全数

故事中，零国王给大家解释了什么是完全数，即一个等于除去它本身之外的所有约数之和的自然数叫作完全数。如，28 是一个完全数，可以表示为 $28 = 1 + 2 + 4 + 7 + 14$。

完全数的特性有：每个完全数都可以用从 1 开

始的连续正整数的和来表示，如1+2+3+4+5+6+7=28；完全数还可以用从1开始的连续奇数的立方和来表示，如$1^3+3^3=28$；完全数以及它的约数的倒数和都等于2，如$\frac{1}{1}+\frac{1}{2}+\frac{1}{4}+\frac{1}{7}+\frac{1}{14}+\frac{1}{28}=2$。

奇怪的是，已发现的48个完全数都是偶数，会不会有奇完全数存在呢？至今无人能回答。

你能尝试写一个100以上的完全数吗？

以老治老

小派看到零国王十分为难的样子，说："您别着急，我来想个办法。"

小派在地上画了几个奇怪的图形，接着问 $\frac{1}{8}$："你是古埃及分数，年纪大，见多识广。请你识别一下我画的都是些什么。"

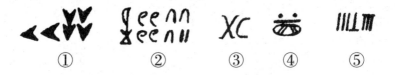

$\frac{1}{8}$ 站在这些图形前，左看看，右瞧瞧，怎么也看不出个所以然。他又问身边的几个古埃及分数："你们认不认识这些图形？"他们也都摇摇头，说不认识。

零国王在一旁实在憋不住了，他向前走了几步，指着小派画的图说："这些都是古老的数！图①是古代巴比伦的数字24，他们使用的是60进位制，古巴比伦人把这些数字刻在泥板上晒干，可以长久保存；图②是古埃及数字，

是忘忧树，代表 1000，ℓ 是蛇，代表 100，ↄ 是面包，代表 10，∤ 是木杖，代表 1，图②表示 1432。"

$\frac{1}{8}$ 又问："其余的几个符号又表示什么意思呢？"

零国王指着图③说："这是罗马数字 90。ℂ 表示 100，Ⅹ 表示 10。罗马数字有个规定：同一个符号最多写 3 次，比如 30 写成 ⅩⅩⅩ，如果数字再大就要用加减法了。如果把小数字放在大数字右边则表示加，放在左边就表示减。Ⅹℂ 表示 $100 - 10 = 90$。"

"真有意思，真开眼界。"奇奇听入了神。

零国王又指着图④说："这是中美洲玛雅人使用的数字，代表 140。玛雅人使用的是 20 进位制，他们只有 3

个符号：一个点、一个横道和一个像眼睛一样的椭圆形，用来表示任何数字。• 表示 1，━━ 表示 5，这样 ⁝• 就表示 7。若在任何数下面画一个'眼睛'，就是把这个数扩大 20 倍。㞢 表示的是 $7 \times 20 = 140$。"

奇奇指着图⑤说："这个用棍摆成的数字，我怎么看着眼熟呢？"

"你当然眼熟啦！"小派说，"这表示我们中国古代数字 378 呀！"

零国王点点头说："对！古代中国人用竹棍摆出各种数字，堪称世界一绝！"

大家都佩服零国王见多识广，不愧是一国之君。

小派对 $\frac{1}{8}$ 说："我画的这些整数资格也都够老的了，他们该不该享受特殊待遇呀？"这时，$\frac{1}{8}$ 有点脸红了。

小派又说："要说性质奇妙，你们也比不上完全数。如果要特殊待遇，这些数该不该要呢？"$\frac{1}{8}$ 听了这番话，不禁低下了头。

零国王劝说道："偶数、奇数、普通分数、古埃及分数，都在数学发展史上占有重要的地位，谁也别搞特殊了。"$\frac{1}{8}$ 心服地点了点头。

突然，$\frac{2}{3}$ 跑来说："不好了，$\frac{1}{10}$ 国王不见了。"

"啊！"零国王大惊失色，说，"刚刚劝说古埃及分数不再要特殊待遇了，可是 $\frac{1}{10}$ 国王丢了，古埃及分数还要闹腾的！你们别忘了，$\frac{1}{10}$ 国王也是古埃及分数哇！"

"这可怎么办？"大家都十分着急。

零国王一拍大腿说："我看这样吧！让 1 司令带着几名士兵去找 $\frac{1}{10}$ 国王。小派，你数学好，也跟着 1 司令去找 $\frac{1}{10}$ 国王。我们在这儿等着你们。"

1 司令答应一声，挑选几名士兵，拉着小派找 $\frac{1}{10}$ 国王去了。

小派走了，奇奇一个人闲来无事，就到河边走走。河水很清，河对岸长着一片树林，景色很美。

突然，河水哗啦一响，一只大乌龟从河里爬出来。乌龟流着眼泪对奇奇说："我本来是仙鹤王子，只因为得罪 2 司令，他使用魔法把我变成了这个丑样子。奇奇，我知道你是好心人，你快救救我吧！"

奇奇十分同情大乌龟："可……我怎么救你呀？"

大乌龟说："2 司令把魔法画在了我的背上，如果有人能破译其中的奥秘，我就能恢复原来的样子。"

奇奇低头一看，连连摇头说："这到底是什么玩意儿呢？"

乌龟壳上的奥秘

奇奇仔细一看，见乌龟壳上有许多圈圈点点："这些圈呀点呀都代表什么呢？"

乌龟想了想，说："我记得2司令曾对他的士兵说过，每一个圈和点都代表一块石头。如果把和这些圈、点总数一样多的石头放在我的背上，可以把乌龟壳压裂，我就能从壳里面出来。"

"我试试看。"奇奇数了一下乌龟壳上的圈点数，说，"总共45个，你趴好，我要往你背上放石头啦！"

"1块，2块，3块……35块。"奇奇累得满头大汗。

刚刚放上35块石头，乌龟在石头堆下大叫："别再放了！快把我压死啦！"

奇奇抹了一把头上的汗："可是，还不够45块呀！"

突然，奇奇听到背后有一种尖声尖气的声音："是谁这么不讲道理，把我堵洞口的石头都搬走了？"

奇奇回头一看，一只小鼹鼠从洞里钻出来，一脸不高兴的样子。

奇奇赶紧向小鼹鼠鞠了一躬："对不起，我在帮乌龟破谜呢！"

"什么谜？我来看看。"小鼹鼠走到乌龟跟前。

乌龟恳切地说："你能告诉我，我背上的圈儿和黑点都代表什么吗？"

小鼹鼠仔细地看了一会儿："我发现一个规律：这连在一起的圈儿都是单数，而连在一起的黑点都是双数。"

奇奇猛地一拍大腿："对呀！黑点代表偶数，圈儿表示奇数，原来乌龟背上画的是 9 个整数。"说完，他就在有 9 个格的方框里写出了 9 个数。

乌龟用力挣扎了一下，还是变不成仙鹤王子。乌龟着急了："你都把密码破译出来了，我怎么还是乌龟呢？"

$$\vcenter{} = 2 \quad \vcenter{} = 4 \quad \vcenter{} = 6 \quad \vcenter{} = 8 \quad \circ = 1 \quad \vcenter{} = 3 \quad \vcenter{} = 5 \quad \vcenter{} = 7 \quad \vcenter{} = 9$$

"你别着急,让我想一想。"奇奇轻轻拍着脑门儿。突然，他高兴地说："有啦！这些数之间还隐藏着一个秘密。"

"什么秘密？"

"把横着一排的3个数相加，比如4+9+2；把竖着一排的3个数相加，比如4+3+8；或者把斜着一排的3个数相加，比如4+5+6，它们的和都等于15。"

4	9	2
3	5	7
8	1	6

奇奇话音刚落，叭的一声响，乌龟壳裂开成为9块，一只头戴王子头冠的仙鹤从乌龟体中飞了出来。仙鹤高兴地在天空中盘旋了三圈以后，轻轻地落到了奇奇面前。

仙鹤王子对奇奇说："谢谢你救了我！到我家去做

客吧！"

还没等奇奇回答，一阵急促的脚步声传来，一队偶数军团的士兵快步跑来。领队的数6下达命令："快，把他们三个都给我抓起来！"

鼹鼠一看不好，哧溜一声钻进了洞里。仙鹤王子急忙振动双翅飞向高空。奇奇是上天无路，下地无门，被偶数军团的士兵抓了起来。

奇奇生气地问："你们为什么抓我？"

数6摇晃着脑袋说："你识破了我们2司令的秘密，要抓你去见2司令！"

仙鹤王子从空中俯冲下来，想救走奇奇。数6急忙命令士兵开枪，仙鹤王子只好飞向高处。

仙鹤王子在空中说："奇奇，你不用害怕，我会去救你的。"在乒乒乓乓的枪声中，仙鹤王子冉冉飞去。

知识点 解析

数字之谜

故事中，乌龟壳上有一个 3×3 的方格盘，其中的奥秘就是每行、每列，以及斜着的三个数之和都是 15，这就是人们常说的"九宫格"。

九宫格的游戏规则是：将 1 至 9 九个数字填入 3×3 的方格盘中，要使每行、每列，以及两条对角线上的三数之和都相等。这个游戏不仅仅考验人的数字推理能力，也考验人的逻辑思维能力。

考考你

下面方格中的数的排列是有规律的。请把和是 340 的相邻 4 个数找出来，看看你能找到几组。

10	80	100	150
140	110	50	40
70	20	160	90
120	130	30	60

神秘的蒙面数

奇奇被反捆着双手，推推搡搡地去见 2 司令。

2 司令指着奇奇大叫："你能识破我画在乌龟背上的九宫图，本事不小哇！你放跑了我的仇敌仙鹤王子，胆子也不小哇！"他命令数 6："先把他给我押起来！"

数 6 响亮地回答一声："是！"押着奇奇直奔牢房。奇奇被推进牢房内，关了起来。

数 6 吹了一声口哨："喂，小伙子，老老实实在这儿待一夜吧！再见。"

奇奇憋了一肚子气，他狠命踢了铁门一脚："真倒霉，小派也不在身边，谁来救我呀！"

奇奇在牢房里转了两圈儿，然后一屁股坐在了地上。突然，外面有响动。奇奇抬头一看，啊，是一个蒙面数！蒙面数两只闪亮的眼睛正盯着奇奇。奇奇害怕极了，他大喊："有贼！快来捉贼呀！"

奇奇的喊声惊动了偶数军团的士兵，连 2 司令也跑来了。蒙面数一看来了这么多人，顿时慌了神，撒腿就跑。

他首先与 2 司令迎面相撞，把 2 司令撞了一个跟头。蒙面数连拐几个弯儿就不见了。

几个偶数忙把 2 司令扶了起来。2 司令揉了揉屁股说："刚才蒙面数撞我的时候，我除了他一下，发现他能被我整除。"

数 6 一拍大腿："嘿，能被 2 司令整除的，肯定是个偶数！"

数 10 提出了新的线索："蒙面数从我面前跑过，他个头比我矮！"

2 司令点点头说："这个蒙面数不但是个偶数，还小于 10。"

听2司令这么一说，数6可吓坏了。他连忙解释："我是偶数，我也小于10，我发誓：我可没干坏事！"

数4又提出一个新的线索："蒙面数也被我除了一下，他也能被我整除。"

数6高兴地喊了起来，他大声叫道："蒙面数跑不了啦！小于10，又能被4整除的只有数8！"

2司令啪地一拍桌子："把数8给我押上来！"

数4和数6很快就把数8押来了。在确凿的证据面前，数8不得不承认自己就是蒙面数。

2司令开始审问数8："你蒙着面跑到奇奇的牢房干什么？"

"嗯……"数8低着头只嗯嗯，不说话。

2司令转头问奇奇："你检查一下，丢了什么东西没有？"

奇奇一摸上衣口袋："啊，我的变色镜不见了！"

数6从数8的口袋里找出了奇奇的变色镜："报告2司令，变色镜在这儿！"

2司令十分生气，他站起身来，一把揪住数8的脖领儿，把又矮又胖的数8从地上提了起来："你为什么要偷人家的变色镜？"

数8被2司令一逼问，吓得圆圆的大脑袋上直冒汗珠：

"我、我……我不是真心想偷。我看奇奇的变色镜和我长得差不多，都是由两个圆圈连在一起。不同的是，我的两个圆圈是一上一下，他的变色镜是一左一右。我就想借来玩玩。"

2司令怒火未消："你想借来玩玩，要征得奇奇的同意。你蒙面到奇奇房中去拿，这分明是偷，还敢抵赖！"

数8低下了他的大脑袋，一声不吭。

啪！2司令一拍桌子："把数8押下去，连续挠他三天痒痒肉。"

"嘿，嘿，嘿……"一听说要挠痒痒肉，数8就憋不住地笑了起来，因为数8就怕别人挠他脖子底下的痒痒肉。数8连忙哀求说："2司令，你打我一顿都行，千万别挠我的痒痒肉，我真受不了哇！"

"废话少说，拉下去，一天24小时挠他的痒痒肉！"2司令真是铁面无私。

这时，数10从外面跑进来，说："零国王派数7来接奇奇。零国王说不能随便扣押客人。"

"客人？哼，奇奇破了我的法术，放跑了我的仇敌仙鹤王子，他是罪人！想叫我放奇奇，是绝不可能的！"2司令把手一挥，说，"让数7回去告诉零国王，我不能放奇奇！"

大战佐罗数

数6觉得违抗零国王的命令不妥。他凑近一步对2司令说："2司令，你违抗零国王的命令，零国王是不会答应的，弄不好还要惩罚咱们呢！"

"哼！"2司令满不在乎，"我手中有强大的偶数军团，零国王能把我怎么样？"

突然，数10慌慌张张地跑了进来。他结结巴巴地说："报告2司令，大事不好了，外面来了一个佐罗打扮的怪数，非要闯进司令部见你。弟兄们上前阻拦，他拿出乘法钩子，一连把好几个弟兄变没了。"

"啊，有这等事？我去看看。"2司令刚想出去，佐罗数已经进来了。

2司令上下打量这个怪数，只见他头上戴着黑色宽檐的佐罗帽，眼睛上蒙着佐罗式的黑色眼罩，嘴上留着两撇小胡子，黑衣黑裤，腰间系着宽皮带，身后有黑色斗篷，右手拿着乘法钩子，活像义侠佐罗！美中不足的是，这个怪数长得又矮又胖，大失佐罗的风采。

2 司令唰的一声抽出了指挥刀，直指怪数问："你就是佐罗数？你找本司令有什么事？"

"哈哈……"佐罗数双手叉腰，一阵大笑，"我佐罗数是无事不登三宝殿。我是来救被你无理扣押的奇奇的。2 司令，你要识相一点，赶快给我把奇奇放了。如若不然，就别怪我不客气了。"听了佐罗数这番话，2 司令气得脸色陡变。他把指挥刀向上一举："这个怪数好无礼，快给我拿下！"

数 4 和数 6 一齐扑了上去，大叫："佐罗数，你往哪里跑！"

佐罗数身体往旁边一闪，数 4 和数 6 都扑了一个空。佐罗数用乘法钩子钩住数 4，喊了声："变！"眨眼间，数 4 就没了，地上只留下数 4 戴的军帽。佐罗数来了个照方抓药，用乘法钩子钩住数 6，喊了一声："变！"地上也只剩下一顶军帽。

2 司令一看，大惊失色："啊？我的数 4 和数 6 都没了！"

佐罗数哈哈大笑，用乘法钩子指着 2 司令说："你若不服，咱俩斗一斗！"

2 司令吓得连连后退："你究竟是什么数，有如此大的本领？"

"哈哈，我嘛，就是佐罗数，大侠佐罗！"佐罗数

回过头笑嘻嘻地对奇奇说，"小学生，你也吃我一乘法钩子吧！"

"不！不！我可不想叫你把我变没了！"奇奇吓得直往后躲。

佐罗数双手一摊："你怕什么？你是我的朋友，我不会把你变没了的。"说完，佐罗数用乘法钩子钩住奇奇的皮带，拖着就跑。2 司令深知佐罗数的厉害，也不敢去追，眼睁睁看着佐罗数把奇奇拖走了。

佐罗数拖着奇奇出了司令部，左拐右拐来到一座漂亮的宫殿前面。

佐罗数说："到家啦！"他先给奇奇摘掉乘法钩子，再摘掉自己头上的黑色大檐帽，脱掉斗篷，最后把眼罩一摘，问："奇奇，你看我是谁？"

"啊，是零国王！"奇奇惊奇地发现，佐罗数原来是零国王假扮的。

零国王笑嘻嘻地说："我和2司令开了个小玩笑。不然，也没办法把你救出来呀！"

奇奇问："2司令和仙鹤王子有什么仇恨？他为什么用法术把仙鹤王子变成了乌龟？"

"咳！"零国王摇了摇头，说，"2司令为人有个大缺点，他心胸太狭窄。有一次，他看到仙鹤王子在湖中戏水，当王子在水面上休息时，整个身体呈现'2'字形，2司令勃然大怒，认为世界上只有他才能是'2'字形，别人做出这种姿态，就是对他威严的挑战！"

"2司令也太霸道啦！"

零国王接着说："2司令非让仙鹤王子改变一下自己的姿势，不能呈现出'2'字形。仙鹤王子当然不同意，两人越说越僵，最后打了起来。2司令就用法术把美丽的仙鹤王子变成了丑陋的乌龟。"

奇奇眨巴着大眼睛问："你为什么要假扮成佐罗数去救我？你怎么能把数变没了？"

零国王笑着摇摇头，说："2司令是我的下属，我不想和他闹僵。再说，2司令自恃武艺高强，目中无人，我趁这个机会教育教育他。至于我为什么能把一个数变没了，你应该知道呀！"

"这个……"奇奇拍了拍前额，说，"噢，我想起来了：因为零和任何数做乘法，乘积都是零。所以零和别的数做乘法，把别的数乘没了，只剩下了零国王。"

"哈哈，说得对！请到我的王宫里坐坐。"说完，零国王拉着奇奇向王宫走去。

守门的士兵高喊："零国王驾到，敬礼！"

零国王拉着奇奇来到宝座前。这宝座模样十分奇特，分上下两层。奇奇摇摇头说："真新鲜！我见过双层床，还没见过双层宝座呢！"

零国王指着双层宝座说："请坐！"

奇奇摸着脑袋问："我是坐在上面呀，还是坐在下面？"

"那还用问？当然是你坐在下面，我坐在上面喽。"说完，零国王来了个旱地拔葱，噌的一下稳稳地坐在了上面的宝座上。奇奇也就不客气地坐在下面的宝座上。两个人一上一下开始聊天。

奇奇好奇地问："你为什么要把宝座做成双层的？为什么非坐上面不可？"

零国王跺了跺隔在两层中间的木板，说："你看见没有？这中间的木板就相当于一条分数线。作为零，我只能待在分数线的上方，下面是万万待不得的！"

"说得对！"奇奇明白了，"零不能在分数线下面待着，因为零不能做分母，零做分母没有意义。"两人你一言我一语地聊得挺热闹。

一名士兵跑进来报告："国王，外面来了一只跳蚤，说要和您比试一下武艺。"

"什么？一只小小的跳蚤竟敢和我比试武艺！我倒要去看看。"说完，零国王噌的一下跳下了宝座，急忙向宫外走去。

零国王苦斗跳蚤

零国王走出王宫大门，低着头到处找："跳蚤在哪儿？跳蚤在哪儿？"

突然，一个极小的家伙一下蹦起老高，在零国王的脖子上狠狠地咬了一口。零国王的脖子上立刻起了一个红包，痒得他一个劲儿伸手去挠。

"嘻嘻……"跳蚤高兴地说，"尊敬的零国王，我这个见面礼还不错吧？"

零国王唰的一声抽出佩剑，用剑尖点着跳蚤："大胆小虫，竟敢戏弄我零国王，看剑！"声到剑到，一道白光直向跳蚤刺去。

跳蚤向空中一跳，躲过零国王的利剑，在空中大叫："来吧！我要和你大战三百回合。"

跳蚤脚一落地，就从腰中抽出一只比老鼠的胡须还要细的小宝剑，与零国王杀到了一起。一方面，跳蚤跳得高、躲得快，零国王尽管剑术高超，也休想碰到他一根毫毛；另一方面，零国王把剑舞得呼呼生风，跳蚤也近前不得。

"杀！杀！"跳蚤边战边退，退到一副跷跷板旁边。

跳蚤收住手中的小宝剑，对零国王说："你站在跷跷板的一端，我站在跷跷板的另一端。咱俩在跷跷板上比试一下，你敢不敢？"

"哼，我零国王怕过谁？"说着，他就站到跷跷板的一端，做好了战斗准备。

跳蚤大喊一声"起"，就跳起来挺高，又喊了一声"嗨"，身体落到跷跷板跷起的一端，跷跷板猛然向这一端歪斜，把零国王一下子弹到了半空。

"哎哟，我上天啦！"零国王像跳水运动员一样，在空中连翻几个跟头，然后脑袋冲下，摔了个倒栽葱。

奇奇赶紧跑过去，把零国王扶了起来："零国王，不要紧吧？"

零国王晃了晃脑袋："不要紧，就是眼前乱冒金花。"

奇奇知道零国王这一下摔得不轻："零国王，你这么个大块头，怎么让小小的跳蚤给弹上了天呢？"

"咳！表面上看，我块头挺大，其实我没有重量，别忘了我是零呀！"

"嘻嘻！"站在一旁的跳蚤非常高兴，"零国王，你上当了吧！和我斗，你还差了点儿！"跳蚤说完，一蹦一跳就要走。

零国王急了，大喊一声："可恨的跳蚤，你往哪里跑！"说完挺剑追了过去。跳蚤不慌不忙转过身来，冲着追来的零国王打了一个喷嚏。跳蚤这一个喷嚏不得了，气流把零国王冲出去老远。零国王站立不稳，一屁股坐在了地上。

"嘻嘻……"跳蚤得意极了，冲着零国王摆摆手说，"连我打个喷嚏，你都经受不住，还想跟我斗？再见吧！"跳蚤扭头就走。

零国王气得双目圆睁，暗暗摘下挂在腰间的乘法钩子，大吼一声："可恶的小跳蚤，你往哪里跑！"说完，他几步蹿了上去，用乘法钩子钩住了跳蚤的上衣，喊了一声："变！"再一看，跳蚤不见了。

奇奇问："跳蚤哪儿去了？"

零国王笑嘻嘻地说："让我给乘没了。"

"你连跳蚤也能乘没了？"

"我可以把任何东西乘没了。哈哈……"零国王得意极了。

突然，一个黑乎乎的小家伙从门缝里钻了进来，噌的一蹦，就跳到了零国王的头上。

小家伙站在零国王头上细声细气地问："零国王，好久不见了，近来可好哇？"

零国王吃了一惊，双手在头上乱抓，高喊："不好了，又进来一只跳蚤！"

速算专家数 8

黑乎乎的小家伙双手叉腰，站在零国王的头上，一脸不高兴的样子："谁是跳蚤？你好好看看，我到底是谁？"

零国王也双手一叉腰："你总待在我头顶，我怎么知道你是谁？"

"好，好，我跳下来，叫你看仔细了。"说完，小家伙跳到了地上。

零国王定睛一看，高兴地说："噢，是小数点呀！咱们可是好久没见面了。"

小数点左右晃了晃，说："可不是。咳，零国王，今天我带你去看个热闹，走！"小数点说完，也不管零国王是否同意，拉着他就走。

零国王拉着奇奇："走，你也一起去看看热闹。"

小数点拉着他们来到一座舞台的前面。舞台上面挂着一条横幅，上面写着"看谁的本领大"。两个块头差不多，个子也差不多的数，在台上比试武艺。

两个数你一拳我一脚，打得好不热闹。台下观众也一

个劲儿地叫好。

零国王一眼就认出来了："这不是 54 和 55 吗？这两个数比试武艺，谁也别想赢。"

小数点得意地摇晃着脑袋，说："我想叫谁赢，谁就能赢，你们信不信？"

"不信！"零国王往台上一指，说，"我想让 54 赢。"

"不信不要紧，看我的吧！"小数点三蹿两跳上了舞台。他往 55 的两个 5 之间一站，呼的一声，55 立刻缩小为原来的 $\frac{1}{10}$，变得又矮又瘦了。零国王惊呼："小数点把 55 变成 5.5 了！"

5.5 大叫："哎呀，我怎么变得这么小了？"

"哈哈！" 54 一伸手就把 5.5 抓了起来，高高举过头顶，"你认不认输？"

5.5 赶紧说："认输，认输。你可千万别把我扔下去。"

54 把 5.5 放了下来，小数点趁机从 5.5 中溜了出来。呼的一声，5.5 又长高成 55。尽管 55 心里不服，可是也弄不清这是怎么一回事，只能低头认输。

下一个比赛项目是"看谁算得快"。比赛刚一开始，只见一个数举着一块大木牌子走上舞台，牌子上写着四个大字——"速算专家"。

零国王一眼就看出来了，上台的是数 8。零国王点点头说："嗯，数 8 计算能力很强，是个速算好手，只是脾气不太好，爱发火！"

数 8 把木牌立好，对台下的观众说："我的快速计算赛过电子计算机。哪位不信，可以上台试试。"

"我去凑个热闹。"小数点又跳上了舞台，冲着数 8 一点头，说，"我来试试。"

"好极了！"数 8 拿出一块黑板，对小数点说，"请你在黑板上随便写出 3 个两位数。"

小数点拿起粉笔在黑板上写了 62、23 和 18。

数 8 拿起粉笔说："我也写 3 个两位数。"说完写出 37、76 和 81。他把这 3 个数写在下面一行。

小数点弄不明白："写出 6 个两位数干什么？"

"把这 6 个数相加，看谁算得快。"数 8 从口袋里掏出一个计算器，问，"你要不要计算器？"

小数点把脑袋一扭，说："哼，你也太小瞧我啦！算这么几个数，还用什么计算器？我口算！你知道大家都叫我什么吗？"

数 8 摇摇头："不知道。"

"大家都叫我'一口清'，也就是说，不管你有多少个数相加，我一口气就能把它们的和算出来！"小数点把头向上一仰，就算了起来，"62 加 23 得 85，85 加 18 得……"

"停！"小数点刚做了一次加法，数 8 就叫他停下来。

小数点忙问："为什么叫我停下来呀？"

数 8 笑了笑，说："我已经算出来了，结果得 297。"小数点不信，接着算，得出的结果也是 297。

"嗯？真神啦！"小数点不服气，又连算了两次，结果数 8 一次比一次算得快，小数点连一次加法都没算出来就输了。

数 8 笑嘻嘻地拍着小数点的头，问："怎么样？服不服？"

小数点无可奈何地点了点头："我算服了你这位速算专家啦！"

"小数点，小数点，你快过来！"

小数点回头一看，是奇奇在叫他。他向数 8 挥挥手，就一蹦一跳地找奇奇去了。

"什么事？"小数点问。

"你上当啦！数8根本不是用你那种算法，他在骗你呢！"

"骗我？我怎么没觉察出来呀？"

"咳！你连算了3次，每次结果都是多少？"

"都是297呀！"

"按数8的方法，不管算多少次，结果都是297。"

小数点用力拍了一下脑袋："看来我真被他骗了！奇奇，你给我讲讲其中的道理。"

"数8是利用了99的性质，6个这样的两位数相加，恰好等于3个99之和。$99 \times 3 = 297$。"奇奇揭穿了数8玩的把戏。

"你再说详细点，他怎么能恰好凑成3个99呢？"小数点还不大明白。

"关键是数8后写的3个两位数。他是根据你先写的3个两位数来写的。比如，第一次你写的是62、23和18。数8在心里做了减法。"奇奇在地上写出：

$$99 - 62 = 37$$

$$99 - 23 = 76$$

$$99 - 18 = 81$$

奇奇指着算式说："数 8 紧接着写出了 37、76 和 81，这 6 个数之和肯定等于 3 个 99 之和喽！"

"嗯，是这么回事！"小数点眼珠一转，说，"看我怎么治他！"

小数点凑在奇奇耳朵边嘀咕了几句。奇奇笑着点了点头。

数 8 还在台上一个劲儿地嚷嚷："谁要不服我这个速算专家，请上台来继续比试。"

奇奇跳上了台，拿起粉笔写了 99、88 和 77 三个两位数。数 8 也不怠慢，接着写出了 00、11 和 22。

数 8 立刻答出："和为 297，对不对？"

奇奇摇摇头说："不对！和为 277.2。"

"什么？和是个小数！"数 8 回头一看，吓了一大跳，黑板上明明写的是 22，怎么一会儿的工夫却变成了 2.2！

台下观众大声起哄："噢，速算大师不灵喽！""速算大师算错喽！"

数 8 低头一琢磨，明白了其中的奥秘。他伸出双手向 2.2 中间的小数点抓去："好啊，小数点，是你跟我捣乱！"

小数点迅速从 2.2 中间跳了下来，一边跑，一边笑：

"哈哈，速算大师是个吹牛皮的骗子，不灵啦！不灵啦！"

数8发火了："我不抓住你小数点，誓不罢休！"说完撒腿就追。

知识点 解析

小数点的移动

故事中，小数点往55的两个5之间一站，55立刻缩小为原来的$\frac{1}{10}$，变成了5.5。

小数点的移动引起数大小变化的规律是：小数点向右移动一位，相当于把原数乘10，也就是扩大到原数的10倍；向右移动两位，相当于把原数乘100，也就是扩大到原数的100倍；小数点向左移动一位，相当于把原数除以10，也就是缩小到原数的$\frac{1}{10}$；小数点向左移动两位，相当于把原数除以100，也就是缩小到原数的$\frac{1}{100}$……

考考你

两个数相乘，如果一个因数扩大到原来的100倍，另一个因数缩小到原来的$\frac{1}{10}$，它们的积会有什么变化？

追杀小数点

小数点在前面跑，一边跑，一边喊："救命啊！"

数8在后面紧追，一边追，一边叫："看你往哪里跑！"

突然，一个数从旁边杀出来，他手持长刀拦住了数8，大喊："你竟敢追杀小数点，吃我一刀！"

数8低头躲过，一看，原来是数6.7在帮小数点的忙。

小数点在旁边一边鼓掌，一边夸奖："6.7够朋友！"

数8双手用力一推，把数6.7推到了一边，对小数点大喊："小数点，你休想逃！"

小数点不敢怠慢，撒腿就跑："坏了，6.7拦不住他。"

突然，一个一眼望不到头的数0.676767……跑来拦住了数8。这个数像一座绵延万里的长城，把数8和小数点隔开了。这一下，数8可没办法了。他望着无限伸展的0.676767……，感叹道："这个数没完没了，可怎么办？"

小数点在另一边可高兴了，他拍着手说："哈哈，0.676767……是个无限循环小数，你哪里找得着他的尾巴呀？再见啦！"小数点一溜烟地跑没了。

"这可怎么办哪？这可怎么办哪？"数8过不去，急得原地直打转。突然，数8在光秃秃的大脑袋上连拍三下："有了，我要以其人之道还治其人之身！"说完，数8向相反方向跑了。

没过多久，数8也拉来一个无限循环小数0.323232……。这个无限循环小数摘下腰上的加法钩子，一下子钩住了0.676767……，两个无限循环小数做了一下加法：

$$0.323232\cdots\cdots + 0.676767\cdots\cdots$$

噗的一股白烟过后，0.323232……和0.676767……都不见了，出现在数8面前的是他们俩的和0.999……。接着，又是噗的一股白烟过后，0.999……也不见了，站在数8面前的却是威风凛凛的1司令。

数8高兴地举着双手："哦，无限循环小数变没喽！可以继续追小数点了。"他赶紧朝小数点逃走的方向追去。

"站住！"1司令一声怒吼，吓得数8一哆嗦。

数8壮了壮胆，说："叫我干什么？你是奇数军团的司令，你管不着我们偶数！"

1司令气得脸色通红，大声叫道："我是奉零国王之命去寻找$\frac{1}{10}$国王的。$\frac{1}{10}$国王没找着，你却把我变到了这儿，误了零国王的大事，你负得起这个责吗？"

"你没找到$\frac{1}{10}$国王，说明你没本事，和我有什么关系？"数8和1司令针尖对麦芒，互不相让地吵了起来。

零国王和奇奇也赶了过来。零国王喝令数8和1司令停止争吵。零国王生气地说："吵什么？都是正整数，在这儿大吵大闹，成何体统？"

数8首先告状："我找小数点算账，无限循环小数0.676767……出来拦住我，硬是不让我过去。我灵机一动，请来了0.323232……，和他做了个加法，得到0.999……，我知道0.999……＝1，这样一来，就能把无限循环小数变没了，我就可以继续去追小数点。"

奇奇在一旁劝说："小数点只是跟你开了个小小的玩笑，你何必当真呢？"

可是数 8 不依不饶："追不上小数点，我誓不罢休！"

1 司令指着数 8 的鼻子："你也太不讲理了！"

"我就是不讲理！"数 8 趁 1 司令不注意，一下子抽出了 1 司令的指挥刀，唰唰两刀把 1 司令从头到脚均匀地切成了三段。1 司令直挺挺地倒在地上，噗噗噗连冒三股白烟，1 司令的三段分别变成了 $\frac{1}{3}$，接着又一股白烟，三个 $\frac{1}{3}$ 变成三个 0.333……。这三个无限循环小数并排在一起，像三堵墙挡住了数 8 的去路。

零国王双手一摊："得！你把 1 司令砍成了三段，变成了三堵墙，数 8 你更过不去了。"

数 8 气呼呼地说："你等着瞧，我去搬救兵！"

过了一会儿，数 8 拉着 $\frac{1}{10}$ 国王跑来了。数 8 一边跑，一边自言自语地说："我请来了神通广大的 $\frac{1}{10}$ 国王，看你无限循环小数还能不能挡我的道路！"

没想到小数点也搬来了援兵，是小数国的 0.1 国王。

零国王双手用力一拍："$\frac{1}{10}$ 国王和 0.1 国王要比个高低，这下子可有热闹看啦！"

两个国王斗法

数 8 指着小数点说："就是他欺负我！"

$\frac{1}{10}$ 国王二话不说，抽出腰间的佩剑，直奔小数点杀来。

小数点赶快躲到 0.1 国王的身后，一个劲儿地央求："快救救我吧！"

"用不着害怕，看我的吧！" 0.1 国王抽出指挥刀，喊了声，"来人，给我挡住 $\frac{1}{10}$！" 随着 0.1 国王的命令，无限循环小数 0.787878……迅速跑了过来，挡住了 $\frac{1}{10}$ 国王的去路。

数 8 哼了一声："又过不去了！"

$\frac{1}{10}$ 国王微微一笑："不用着急，我这儿有件法宝——等号变换器。" 说着从怀中取出一个大等号来。$\frac{1}{10}$ 国王双手把大等号举过头顶，大喊一声："变！" 只见无限循环小数 0.787878……像着了魔一样，一下子被等号变换器的一头吸了进去。接着，啪的一声，一个分数——$\frac{78}{99}$ 从等号变换器另一头掉了出来。

小数点捅了一下 0.1 国王，说："坏了，0.787878……被等号变换器变成分数 $\frac{78}{99}$ 啦！"

0.1 国王怒不可遏，他把指挥刀一举，大喊："再上来一个！"话音未落，只见 0.7321321321……拖着无限长的尾巴跑过来，横在了数 8 面前。

$\frac{1}{10}$ 国王不敢怠慢，连忙举起等号变换器，只听吱的一声，0.7321321321……被等号变换器的一端吸了进去，从另一端掉出来的却是 $\frac{7321-7}{9990}$。

零国王指着等号变换器问："这个玩意儿怎么这么厉害？"

奇奇对零国王解释说："这个等号变换器是使用循环小数可以化成分数的原理制造的。刚才它把纯循环小数 $0.787878\cdots\cdots$ 化成 $\dfrac{78}{99}$，把混循环小数 $0.7321321321\cdots\cdots$ 化为 $\dfrac{7321-7}{9990}$。"

"$\dfrac{1}{10}$ 国王，你不要欺人太甚！" 0.1 国王挥舞着指挥刀，直奔 $\dfrac{1}{10}$ 国王杀去。

$\dfrac{1}{10}$ 国王举剑相迎，叫道："难道我怕你不成？"

两位国王一个使刀，一个使剑，乒乒乓乓打在了一起。一个刀法娴熟，另一个剑术高超，杀了半天也难分出个上下高低。

两位国王正杀得起劲，忽听有人大喊："$\dfrac{1}{10}$ 国王，快来救救我，把我变回去呀！"

$\dfrac{1}{10}$ 国王虚晃一剑，跳出了圈外，他对 0.1 国王说："你先等一会儿，我去看看谁在叫我，回头再和你拼杀！"

$\dfrac{1}{10}$ 国王提着剑循声找去，发现是三个 $0.333\cdots\cdots$ 在喊他。

$\dfrac{1}{10}$ 国王问："你们叫我干什么？"

三个 $0.333\cdots\cdots$ 说："请用你的等号变换器把我们变回去吧！"

"嗯……我只能变一个数。你们先做个加法，变成一个数后，我再把你们变成分数。"

"好的！"其中两个 0.333……掏出了加法钩子，依次钩好：

$$0.333\cdots\cdots + 0.333\cdots\cdots + 0.333\cdots\cdots$$

他们齐声说："变！"三个 0.333……不见了，变出来的是 0.999……。

$\frac{1}{10}$ 国王大喊一声："好！"双手高高举起等号变换器，把 0.999……从一端吸进去，$\frac{9}{9}$ 从另一端掉出来。接着，噗的一股白烟过后，1 司令出现在大家面前。

1 司令一把拉住 $\frac{1}{10}$ 国王："零国王叫我找你，我到处找你找不到，你跑到哪里去啦？"

$\frac{1}{10}$ 国王说："我听人说，有个精灵叫作小数点，个头虽小却神通广大。我想找到小数点，跟他学两手！"

"嗨！"1 司令一拍大腿说，"你到哪儿去找小数点？小数点就在这儿！"

$\frac{1}{10}$ 国王听说小数点就在这儿，忙问："小数点在哪儿？小数点在哪儿？"

小数点蹦到 $\frac{1}{10}$ 国王面前，指着自己的鼻子说："远在天边，近在眼前！"

"啊，您就是小数点！"$\frac{1}{10}$国王赶紧向小数点鞠了一躬，说，"真对不起，我只听数 8 说，有个小黑家伙欺负他，叫我来帮帮忙，谁料想数 8 追杀的正是您呢！"

小数点晃着脑袋说："没什么，不打不成交嘛！$\frac{1}{10}$国王，你找我有什么事？"

$\frac{1}{10}$国王恭敬地说："我们分数王国的臣民都想学会变分数为小数的本领。可是，想化分数为小数，缺了您小数点可就没办法啦！我想请您到我们分数王国去做客，不知您是否愿意去？"

还没等小数点回话，0.1 国王一把将小数点拉了过去。0.1 国王气急败坏地冲$\frac{1}{10}$国王嚷道："小数点是我们小数王国的命根子，你们想把他请去，没门！"说完拉着小数点一溜烟地跑了。

$\frac{1}{10}$国王懊丧地挥了挥右手："学点本领可真不容易呀！"

忽然，一阵闷雷似的隆隆声传来。零国王大惊失色，忙问："这是什么声音？"

知识点 **解** **析**

循环小数变分数的奥秘

故事中，$\frac{1}{10}$ 国王把一位纯循环小数 0.999999…… 变成了 $\frac{9}{9}$，也就是1，把两位纯循环小数 0.787878…… 变成了 $\frac{78}{99}$，把三位混循环小数 0.7321321321…… 变成了 $\frac{7321-7}{9990}$。

其实，把循环小数变成分数是有规律可循的。对于纯循环小数，循环节有几位，分母就是几个9，分子就是循环节按序组成的数。如果是混循环小数，先扩大一定的倍数把混循环小数变成纯循环小数，再把纯循环小数化成分数，最后缩小相同的倍数即可。

即：$0.aaa\cdots\cdots = \dfrac{a}{9}$ $\qquad$ $0.ababab\cdots\cdots = \dfrac{ab}{99}$

$0.abcabcabc\cdots\cdots = \dfrac{abc}{999}$ $\qquad$ $0.abbb\cdots\cdots = \dfrac{ab-a}{90}$

$0.abcbcbc\cdots\cdots = \dfrac{abc-a}{990}$ $\qquad$ $0.abccc\cdots\cdots = \dfrac{abc-ab}{900}$

考考你

你能把 0.416666…… 和 0.680124124124…… 分别化成分数吗？

大地震之后

随着闷雷似的隆隆声，大地开始抖动，人们东倒西歪，站立不稳。

奇奇大喊一声："地震，快趴下！"听奇奇这么一喊，所有人呼啦一下全趴在地上。

大地抖动了几分钟，慢慢恢复了平静。

零国王抬起头问："这次地震的中心在哪儿？"

数 8 打听了一下，回来向零国王汇报："地震中心在小数王国的首都——小数城。"

"啊，0.1 国王和小数点刚刚回去！"零国王很担心他们俩的安全。

突然，1 司令一拍大腿说："坏啦！小派还在小数城寻找 $\frac{1}{10}$ 国王呢！"

奇奇一听小派在小数城，二话不说，撒腿就往小数城跑去。零国王命令大家带好药品和食物，紧急赶往小数城救灾。

奇奇一口气跑到了小数城，只见小数城里房屋倒塌，满目疮痍，成了一片废墟。奇奇看了，心里很不是滋味。突然，一阵哭声从王宫方向传来。奇奇循声望去，只见0.1国王正坐在倒塌的王宫前号啕大哭。

奇奇忙上前劝说："请国王不要这样伤心。王宫倒了可以重建，一切都会好起来的。"

"房子可以重建，可是我的小数臣民被地震伤得变了形，有的缺了胳膊，有的断了腿，都成了残废。这可怎么办哪？"0.1国王说完又哭了起来。

奇奇急中生智，连忙用手捂住0.1国王的嘴："你先别哭，我问问你，你看见我的朋友小派了吗？"

0.1国王点点头说："看见倒是看见了，可看见了小派有什么用！"

"唉，0.1国王，这你可说错了。我的朋友小派数学特别好，给小数治病可是十拿九稳哪！"

0.1国王听奇奇这么一说，擦了把眼泪，一骨碌就爬了起来。他拍了拍屁股上的土，拉着奇奇的手说："走，找小派去！"

很快，他们在王宫的后面找到了小派。奇奇高兴地抱住小派说："你没事吧？"

小派笑着摇了摇头，说："没事儿！"

0.1国王站在高处，扯着嗓子喊："受伤的小数臣民们，小派大夫给你们治病来啦！要治疗的快排好队！"话音未落，坐着担架的，由别的小数搀着的，拄着拐杖的，缠着绷带的，一大群伤残小数排起队来。

"开始看病。"小派一回头，看见四个病号站在面前，他们是 0.45，.35，343，6.6.1。

小派一看，这四个是轻病号。身体各部分器官没多没少，数字的次序也没颠倒，只是小数点被震错了位，弄得不像个小数的样子。

"这病好治。"小派拉过 0.45，说，"表示循环节的点放在 4 的头上，可就什么意思都表示不了啦，移到 5 的头上就对了。"说着，小派把 0.45 变成了 0.45。0.45 非常高兴，他像孔雀开屏一样，亮出了自己无限循环的尾巴——0.4555……，又漂亮，又精神！

小派又拉过 .35，说："你的毛病是小数点被震得向前移了一位，我给你放回去。".35 变成 3.5 后，活蹦乱跳地走了。

第三个病号是 343。小派端详了一会儿，一拍脑袋说："你的小数点被震到上面去了，应该是 3.43。"

最后一个病人 6.6.1 却把小派难住了。小派愣了半天，不知该怎么办才好。0.1 国王着急地说："你快给他治呀！"

"他的病不好治。"小派挠了挠头，说，"他原来可

能是 $6.6\dot{1}$，也可能是 $6\dot{6}.\dot{1}$，我说不准是哪一个。"

0.1 国王拍了拍小派的肩头："你只管大胆地治，出了问题我负责。"

"好吧！我来试试。"小派拿起两个 6 之间的小数点，小心地放到了 1 的头上，变成了 $66.\dot{1}$。小派刚刚放好，$66.\dot{1}$ 像触电一样跳了起来。他又唱又跳，活像个疯子，直向奇奇扑来。

奇奇吓得大叫一声："救命！"撒腿就跑。说时迟那时快，只见 0.1 国王迅速从腰间摘下乘法钩子，飞快地钩住了 $66.\dot{1}$ 的腰带，立刻组成一个算式：$66.\dot{1} \times 0.1$。一股白烟过后，站在大家面前的是异常安静的 $6.6\dot{1}$。他很有礼貌地展开了无限循环的尾巴 6.6111……。

0.1 国王笑嘻嘻地对小派说："我们小数有个毛病，你给他安错了小数点的位置，他会有一些特殊的表现：如果你给他错误地扩大 10 倍，他会过于兴奋，又唱又跳，高兴得不得了；反过来，如果你给他错误地缩小到 $\frac{1}{10}$，他会非常悲伤，又哭又号，难过得很哪！"

"实在对不起，我不知道你们小数有如此丰富的感情。"小派抱歉地说，"我应该移动 6 和 1 之间的小数点才对。"

"没关系！"0.1 国王满不在乎地说，"一切由我来

处理，如果错误地扩大 10 倍，我就和他做一次乘法；如果错误地缩小了 10 倍，我就除以他。"

这时，士兵用担架抬来一个小数 123. 。这是一个重伤号。

小派说："你的小数点怎么跑到后面去了？"

他叹了一口气，说："我原来并不是这样的。地震把我从 10 楼甩了出去，数字和小数点都摔散了架啦！别的数随便给我凑成了这个样子，我浑身上下难受极了。"

小派问："还记得你原来有什么特征吗？"

123. 回答："有 1，2，3 这三个数字，还有一个小数点，至于怎样排，我全忘了。"

"一点线索也提供不了，这可麻烦啦！"小派掰着指头边数边说，"他原来可能是 12.3，也可能是 2.13，还可能是 32.1。我给你算一算哪！嗯……一共有 12 种可能，这可让我怎么治呀！"

0.1 国王拍了拍小派的肩头，笑着说："你是大夫，你拿主意！"

小派用手拍了拍前额，说："我需要先调查一下。请把那天看楼门的小数和巡逻的小数找来。"

0.5 拄着拐杖一瘸一拐地走过来，说："那天晚上，我守楼门口，一个数从外面跑来，说是到 10 楼值班。他站在暗处，我没看清他是多少。"

"他直接上楼了吗？"

"没有，他和我开了个小玩笑。他偷偷伸出乘法钩子钩住了我，和我做了一次乘法。"

"乘积是多少？"

"记不清楚，只记得乘积的末位数是 0。"

"还记得乘积是几位数吗？"

"记得，是三位数。"

"太好啦！"小派高兴极了，用力拍了一下 0.5 的肩头，痛得 0.5 哎哟哟直叫。

0.1 国王问："怎么个好法？"

小派说："我们可以先不考虑小数点的位置，只考虑数字排列的先后次序。根据 0.5 提供的情况，原数必须是按 132 排列的。"

"为什么？" 0.1 国王没弄明白。

"因为乘积的个位数是 0，而 1，2，3 中，只有 2 是偶数，所以 2 必然排在最后。"

"说得有理。往下呢？"

"3 不能排在最前面，否则 3 和 5 相乘得 15，乘积会是四位数。所以，原数排列的顺序必然是 132。"

"那么小数点在哪儿呢？"

"我还要再做个调查。"小派回过头问，"那天晚上谁巡逻？"

"是我。" 0.9 头上缠着纱布，站出来回答说，"那天晚上，我在院子里巡逻，看见一个数飞快地往楼门口跑。我怀疑他不是好人，赶紧掏出乘法钩子钩住了他。一问，才知道他是忙着到 10 楼去值班。"

"你们俩的乘积是多少？"小派不放过一点线索。

"乘积是两位整数，两位小数。其中整数部分的两个数字一样，小数部分的两个数字相同。"

小派猛地一拍大腿："问题解决啦！只要列个算式，一切都明白了。"说完，小派列出一个算式：

$$13.2 \times 0.9 = 11.88$$

原数是 13.2。

小派算完，把 123. 重新组成了原来的样子。这个数字跳下担架，向小派鞠躬感谢。

就这样，小派与奇奇一起把小数城受伤的臣民都治好了。0.1 国王为他们哥儿俩开了庆功会，还送给他们俩一面锦旗。

这时，零国王、1 司令等人带着大批救援物资赶到了。0.1 国王率领全体小数欢迎零国王。

0.1 国王问："怎么 $\frac{1}{10}$ 国王没来呀？"

"$\frac{1}{10}$ 国王说回分数王国调点物资，一会儿就来。"零国王边说边和欢迎他的小数们握手。

突然，$\frac{1}{7}$ 连滚带爬地跑来："报告零国王，大事不好了，$\frac{1}{10}$ 国王又不见了！"

长着尾巴的怪东西

大家听说$\frac{1}{10}$国王又丢了，一个个都傻了眼。零国王对小派说："我们也没有别的办法，只好请你再去找一找了！"

小派问$\frac{1}{7}$："你们分数王国最近来过什么客人吗？"

$\frac{1}{7}$摇摇头说："没人来呀！"

小派问："有什么数外出吗？"

"嗯……有，有。前几天$\frac{1}{100}$说出趟远门办件事，本来请假说10天后才能回来，可是才过7天他就跑回来啦！"

小派想了想，说："请把$\frac{1}{100}$找来。"

$\frac{1}{7}$去了不久，又慌慌张张跑了回来："真奇怪，$\frac{1}{100}$也不见了！"

小派对零国王说："作案的家伙善于变化，且诡计多端，咱们的动作要快，要以快制变。"说着列出了5个算式，并算出答案：

$$\frac{1}{10}+\frac{1}{100}=\frac{11}{100}$$

$$\frac{1}{10} - \frac{1}{100} = \frac{9}{100}$$

$$\frac{1}{10} \times \frac{1}{100} = \frac{1}{1000}$$

$$\frac{1}{10} \div \frac{1}{100} = 10$$

$$\frac{1}{100} \div \frac{1}{10} = \frac{1}{10}$$

小派列出这几个算式干什么？大家都感到莫明其妙。

小派解释说："提前回来的 $\frac{1}{100}$ 是个可疑人物。现在 $\frac{1}{10}$ 国王与 $\frac{1}{100}$ 同时失踪，很可能是 $\frac{1}{100}$ 用运算钩子钩住了 $\frac{1}{10}$ 国王，强行做了一次运算，使他们变成了一个新数。"

大家点头，觉得小派分析得有道理。

小派又说："$\frac{1}{10}$ 和 $\frac{1}{100}$ 进行四则运算，只能有我写出的这 5 种。1 司令，请你带几名士兵去查找一下，在 $\frac{11}{100}$，$\frac{9}{100}$，$\frac{1}{1000}$，10 这 4 个数中，如有两个相同的，就立刻同时抓来。"

"好的。"1 司令转身带着 10 名士兵走了。

没过多久，只听到一阵"快走、快走"的吆喝声，1 司令押来两个一模一样的 $\frac{11}{100}$，大家见了都很惊奇。

小派指着两个一模一样的 $\frac{11}{100}$ 对大家说："这里有一个是真的，有一个是假的。"究竟谁真谁假，在场的都分

辨不清。

　　小派在1司令耳边小声说了几句话。1司令对两个 $\frac{11}{100}$ 说："你们俩谁是假的，快站出来！"

　　两个 $\frac{11}{100}$ 都一动不动地站在那里。

　　1司令唰的一声抽出佩剑，剑尖向上一举，喊道："不承认，全部枪毙！"士兵立刻把枪口对准两个 $\frac{11}{100}$ 。

　　突然，一个 $\frac{11}{100}$ 把对准他的枪口往上一推，自己倒地一滚，一股白烟过后，一个圆溜溜的家伙从地上站起来，一溜烟地逃跑了。奇怪的是，他后面还拖着一条向上翘起的小尾巴，随着他的跑动，小尾巴不停地左右摆动。咦，这是什么怪东西？

大家正惊讶，只听有人坐在地上喊："哎哟，快把我扶起来呀！"

大家仔细一看，原来是 $\frac{1}{10}$ 国王坐在地上。

零国王关心地问："$\frac{1}{10}$ 国王，你到哪儿去啦？"

"唉，别提啦。"$\frac{1}{10}$ 国王拍拍身上的土，说，"我准备回国调运点物资救援小数国，走在路上，忽然有人在我肩上轻轻拍了一下。我回头一看，是 $\frac{1}{100}$。咦？ $\frac{1}{100}$ 不是请了 10 天假去办事么，怎么这么快就回来啦？我刚想问问他，$\frac{1}{100}$ 冲我一笑，飞快地用加法钩子钩住了我，我一下子就晕了过去。"

零国王焦急地问小派："怎样才能抓住这家伙？"

"不用着急，他的狐狸尾巴已经露出来啦！"小派低头沉思了一下后，附在数 8 的耳边说了几句话，数 8 点了点头，急忙走了。

不一会儿，数 8 贴了一张告示出来，告示上写着：

数公民：

　　今晚在大操场摆设擂台，比试一下谁最善于变化，欢迎参加。

零国王

天还没全黑，大操场上已经是"数山数海"了。$\frac{1}{10}$ 国王宣布比赛开始。数8第一个跳上了台，他紧握双拳，朝自己头上用力一砸，只听咔嚓一响，数8开始解体，先变成2×4，接着又变成$2 \times 2 \times 2$。台下响起一片喝彩声。

奇奇对小派说："他们所谓的变化，就是把一个数变成几个质因数的连乘积。"

奇奇的话音刚落，数 $\frac{1}{8}$ 跳上了台，他向大家一抱拳，说："我和数8互为倒数，他变完了，该看我的啦。"

$\frac{1}{8}$ 刚要变化，忽听台下喊："慢着，要变咱俩一起变。"只见又一个 $\frac{1}{8}$ 跳了上来。大家惊呼："怎么会有两个 $\frac{1}{8}$ ？"

小派早在暗处盯着呢！他见又上来一个 $\frac{1}{8}$ ，忙指着新上来的 $\frac{1}{8}$ 大声说："快把他抓住！"数6疾步向前，伸手就抓，眼看就要抓住了，谁知这个 $\frac{1}{8}$ 围着数6转了一圈，转眼间台上出现了两个数6。

怎么办？小派皱了一下眉头，说："将两个数6都抓起来！"数5和数4应声上来，一人抓一个。数5伸手抓住数6，而这个数6反手抓住了数5，两个数一用力，大家再一看，怪了，明明是数5和数6，瞬间却变成了两个数5，他们互相扯在一起。

"好！"台下叫好声连成一片，都称赞这个不知名的神秘数变化无穷，技高一筹。

零国王疑惑不解，忙问小派："这个善于变化的数，你看是不是就是那个长着尾巴的怪家伙？"

小派微笑着对零国王说："就是那个长着尾巴的怪家伙。不过，他不是你们数家族中的一员，而是一个特殊的人物！"

零国王一愣，忙问："这个特殊人物是谁呢？"

撩开特殊人物的面纱

小派见零国王对这个特殊人物很感兴趣，就问："你想见见这个特殊人物吗？"

"当然想见喽！快让我见见他！"零国王有点急不可耐了。

小派凑在零国王耳边嘀咕几句。零国王点点头，心领神会，只见他把右手的拇指和食指捏在一起，放在口中吹了一个很响的口哨。这是整数王国紧急集合的暗号，所有的正整数听到这个暗号，立刻排成两队：一队是以1司令为首，接下去是3，5，7……，这是奇数军团；另一队是2司令打头，接下去是4，6，8……，这是偶数军团。两队排列整齐，气势雄伟。这时，只见数5正傻愣愣地站在那儿，看着其他正整数忙于站队。等大家都站好了，他才醒悟过来，忙着去找自己的位置。他跑到数3和数7之间，发现已经有一个数5站在那儿。他往这个数5脸上一看，只见这个数5双目圆瞪，满脸杀气，吓得他倒退好几步。

他一想，自己充当数5是不成了。他立即来了个前滚

翻，站起来后变成了数 8，又忙着往数 6 和数 10 之间站，但发现那儿也早有一个数 8 站好了位置。他一连变了几次，都失败了。

"哈哈……"小派笑着说，"字母 a，你就别再变了，快亮出本相给大家看看吧！"

这个善于变化的特殊人物见无计可施，一个翻滚后，站起来的是字母 a。

大家议论纷纷，有的说："你看他的尾巴多美丽呀！还向上翘着。"有的说："你看他长得多像零国王，只不过多了一条小尾巴。"

小派向大家介绍："这个是字母 a。在数学里，他可是个重要的角色，他想代替谁就可以代替谁。"

"他能代替我吗？"零国王不服气地问，"在数学里，难道他还能比我更重要？"

"怎么才能跟你说清楚呢！"小派停了一下，说，"比如说，我需要找任意两个相邻的自然数，你能找到吗？"

"咳，这太容易了。"零国王一抬手，奇数军团和偶数军团合成一伙，从 1 司令开始，2，3，4……，一个挨一个排成一行，一眼望不到头。

零国王自豪地说："看吧，自然数全在这儿！你是要 3 和 4，还是要 10 和 11，尽管挑！"

"我要的不是具体的两个相邻的自然数，而是任意两个相邻的自然数。懂吗？"小派把"任意"两字说得很重。

零国王为难地摇了摇头。

看来只有给零国王表演一下了。小派对字母 a 说："你来表示一下任意两个相邻的自然数，好吗？"

"好！"字母 a 倒地一滚变成了两个 a，其中一个 a 拉住 1 司令腰上的加法钩子钩在自己皮带上。

小派解释说："当 a 取自然数中任意一个数时，$a+1$ 和 a 表示的就是任意两个相邻的自然数。"小派的话音未落，a 和 $a+1$ 已经开始变化了：它们一会儿变成 1 和 2，一会儿变成 7 和 8，一会儿变成 19 和 20……

没想到 a 和 $a+1$ 有这么大的变化神通，大家都看出了神。$a+1$ 摘下 1 司令的加法钩子，两个 a 一合并，又成了一个 a，大家热烈喝彩。

小派对 a 说："$\frac{1}{10}$ 国王不见了，是不是你干的？"

字母 a 把头一仰，小尾巴向上抬了抬，说："不错，$\frac{1}{10}$ 国王是我给变没的。我在路上看到 $\frac{1}{10}$ 国王一个人边走边说什么零国王啦，0.1 国王啦，1 司令 2 司令啦……我心想：这国王和司令都让你们具体数当了，我字母还当什么大官？再说你们能有多大能耐？我又听说别的数把他叫什么 $\frac{1}{10}$ 国王，我一气之下先变成 $\frac{1}{100}$，然后用加法钩子钩住 $\frac{1}{10}$ 国王，变成 $\frac{11}{100}$。接着我就大摇大摆进了分数王国，准备把分数王国、小数王国、整数王国都折腾个底儿朝天……后来的事嘛，你们全清楚了。"

奇奇走过来拍了拍字母 a 的肩头："整数、分数、小数都是一个大家庭，每个家庭都少不了有个头儿呀！你们 a，b，c，d……26 个字母如果选国王，你一定能当选。"

听奇奇这么一说，字母 a 高兴极了："这么说，我能够当上字母王国的 a 国王喽？哈哈……我要早点回去当国王，咱们再见啦！"说完，他小尾巴一撅一撅地跑开了。

"哈哈……"零国王摘下王冠，摸着光秃秃的头顶笑着说，"真是个可爱的小家伙，如果他能把尾巴割掉，我这个国王可以让他当！"

大家正在说笑，$\frac{1}{2}$ 忽然慌慌张张地跑来向 $\frac{1}{10}$ 国王报告："国王，大事不好啦！假分数叛乱了！"

"什么？" $\frac{1}{10}$ 国王两眼发直，傻呆呆地站在那儿。

知识点 解析

用字母表示数

故事中，字母 a 可以表示任意数。但是，它想在26个字母里做老大可没那么容易，因为除了 a，其他字母也可以表示各种数字。例如，在数学中，我们通常用 n 表示自然数。

我们可以用字母表示数，将它运用到各种各样的数学公式中，还可以用它来表示符合条件的特定数，或者一些数集，例如，偶数可以表示为 $2a$（a 为整数），奇数可以表示为 $2a+1$（a 为整数）。总之，字母可以简明地将数量关系表示出来。用字母表示数，是数学史上的一次大发展。

考考你

计算：$(x+10)-(x+9)+(x+8)-(x+7)+(x+6)-(x+5)+(x+4)-(x+3)+(x+2)-(x+1)$。

假分数叛乱

$\frac{1}{10}$国王听说假分数叛乱了，顿时吓得目瞪口呆。零国王见$\frac{1}{10}$国王傻呆呆地站在那儿，用手推了他一下，说："你还不赶快回分数王国看看去！"

$\frac{1}{2}$在前面带路，零国王、$\frac{1}{10}$国王在后面跟着，一行人一路小跑到了分数王国。

两个假分数在巡逻，一个是$\frac{3}{2}$，另一个是$\frac{5}{3}$。假分数和真分数长相就不相同：假分数个个长得宽肩膀、细腰、小细腿，给人以强壮、健美的感觉；真分数却长得窄肩膀、大肚皮，两腿特别粗壮，像大腹便便的商人。

$\frac{3}{2}$和$\frac{5}{3}$各自拿着一把鬼头大刀，气势汹汹地拦住了$\frac{1}{2}$。$\frac{5}{3}$用鬼头大刀一指$\frac{1}{2}$："站住！我们要搜查一下，你身上没有武器，才能让你过去。"

$\frac{1}{2}$也不示弱，双手叉腰说："你们假分数不安分守己，竟敢发动叛乱，该当何罪？"

"我们发动叛乱？"$\frac{3}{2}$十分不服气地问，"凭什么你

们叫真分数？你们真在哪儿？又凭什么叫我们假分数？我们又假在哪儿？"

$\frac{5}{3}$ 把袖子往上一捋："是呀！你们说说，我们到底假在哪儿？说不出来，别想过去！"

$\frac{1}{2}$ 把双拳向空中一挥："两个叛贼，看我怎么收拾你们！"

$\frac{3}{2}$ 和 $\frac{5}{3}$ 说了声："上！"两人挥动鬼头大刀直向 $\frac{1}{2}$ 扑来。

突然，有人大喊一声："住手！有能耐咱们来个单打独斗。"大家回头一看，是真分数 $\frac{2}{3}$ 来了。

$\frac{3}{2}$ 看 $\frac{2}{3}$ 来了，大喊一声："来得好！"两人抢起鬼头大刀，照准 $\frac{2}{3}$ 劈头盖脸就是一刀。你别看 $\frac{2}{3}$ 长得上小下大，样子挺笨，武艺却了不得。只见 $\frac{2}{3}$ 轻轻向旁边一躲， $\frac{3}{2}$ 这一刀就砍空了。 $\frac{3}{2}$ 见这一刀没砍着，顺势横着又是一刀； $\frac{2}{3}$ 来了个"缩颈藏头"式，把鬼头大刀躲了过去。 $\frac{2}{3}$ 连续躲过 $\frac{3}{2}$ 的三刀后，忽然抬起右腿，照准 $\frac{3}{2}$ 的后腰踢去，同时大喊一声："看我神腿厉害！"一脚把 $\frac{3}{2}$ 踢了个倒栽葱。

$\frac{3}{2}$ 双手扶地、两脚朝天地对 $\frac{2}{3}$ 说："好厉害，你还真有两下子！"

$\frac{2}{3}$ 仔细端详倒立的 $\frac{3}{2}$，自言自语地说："奇怪，他倒立时，怎么和我长得一模一样呢？"

奇奇在一旁解释："这有什么奇怪的？ $\frac{2}{3}$ 和 $\frac{3}{2}$ 互为倒数。 $\frac{2}{3}$ 翻个个儿就是 $\frac{3}{2}$；反过来， $\frac{3}{2}$ 翻个个儿就是 $\frac{2}{3}$ 嘛！"

忽然，大家听到刀剑相碰的声音，只见 $\frac{2}{5}$ 和 $\frac{7}{5}$ 各举刀剑，边杀边向这边走来。 $\frac{2}{5}$ 冲大家喊："你们快躲开，该我们两个斗一斗啦！"

两人的武艺都不错，刀光剑影杀得好不热闹。忽然， $\frac{2}{5}$ 卖了个破绽， $\frac{7}{5}$ 一刀砍空， $\frac{2}{5}$ 大喊一声："看剑！"一剑就把 $\frac{7}{5}$ 斜劈成两半。

奇奇不敢看此惨状，赶紧把眼睛闭上了。忽然，奇奇听到嬉笑的声音，他睁眼一看，被劈成两半的 $\frac{7}{5}$ 不见了，站在眼前的是两个一模一样的$\frac{2}{5}$，还有 1 司令。

奇奇惊奇地问："这是怎么回事？是不是字母 a 又来捣乱了？"

零国王摇摇头说："没有字母 a 的事。刚才我亲眼看见大半个$\frac{7}{5}$变成了 1 司令，小半个$\frac{7}{5}$变成了$\frac{2}{5}$，你说怪不怪？"

小派解释说："$\frac{7}{5}$可以写成一个整数和一个真分数之和：

$$\frac{7}{5} = \frac{5+2}{5} = \frac{5}{5} + \frac{2}{5} = 1 + \frac{2}{5}$$

$\frac{2}{5}$砍$\frac{7}{5}$这一剑，正好把$\frac{7}{5}$劈成了 1 和$\frac{2}{5}$这两部分。其中一部分是 1 司令，另一部分是$\frac{2}{5}$。"

零国王点点头说："嗯，有点儿意思！"

这时，又跑来两个分数，一个是$\frac{7}{10}$，另一个是$\frac{10}{7}$。他们手里都拿着一根木棍。$\frac{7}{10}$抡起木棍就打，嘴里喊着："叫你叛乱，吃我一棍！"

$\frac{10}{7}$急忙拿棍挡住，嘴里说："不给我们改名，我们就要造反！"两人边说边打，互不相让。

突然，$\frac{10}{7}$抡起棍子横扫过去，$\frac{7}{10}$毫不退让，也同样抢起棍子横扫过来。砰的一声，两根棍子碰到一起，成了个"×"形。一股白烟过后，$\frac{7}{10}$和$\frac{10}{7}$都不见了，只见1司令从他们俩消失的地方爬了起来。

奇奇跑过去把1司令搀扶起来，问："你刚才还在我身后，怎么一眨眼工夫跑到这儿来啦？"

1司令掸了掸裤子上的土，说："我也弄不清怎么回事。我看$\frac{7}{10}$和$\frac{10}{7}$使棍打得正欢，也不知怎么搞的，我跑到这儿坐着了。"

"$\frac{7}{10}$和$\frac{10}{7}$呢？"

"没看见呀！"

零国王乐呵呵地跑过来说："我知道是怎么回事。$\frac{7}{10}$和$\frac{10}{7}$两棍相撞，成了个'×'形。这'×'形就是乘号呀！"

"噢！"经零国王这么一提醒，奇奇顿时明白过来了，"$\frac{7}{10}$乘以$\frac{10}{7}$恰好等于1，所以$\frac{7}{10}$和$\frac{10}{7}$都乘没了，最后乘出来一个1司令！"

这时，围拢来的假分数越来越多，他们手执刀枪棍棒，不断呼喊，要求改换假分数的叫法。

零国王出面安抚假分数："请大家安静，有事好商量嘛！你们不叫假分数，可已经有人叫真分数了，那你们想叫什么呀？"

$\dfrac{8}{7}$站出来说："我们叫'货真价实的分数'！"

"哈哈……"$\dfrac{8}{7}$的话引得在场的人哈哈大笑。有的说："你以为是买东西呀，要货真价实？"

$\dfrac{8}{7}$被大家一哄笑，有点儿不好意思，连忙改口说："那就叫'真真真分数'吧！"

"哈哈……"又是一阵哄笑。有的数议论说："真真真分数，这要叫多了，还不变成了结巴？真真真分数加真真真分数得真真真分数，真真真分数乘真真真分数还得真真真分数，这读起来比绕口令还难！"

小派站出来说："各位听我说两句。中国是使用分数最早的国家之一。早在两千多年以前，中国在计算每个月有多少天时，就出现了复杂的分数运算。中国古代主要研究分子小于分母的分数，也就是真分数，古人形象地把分子叫'子'（儿子），把分母叫'母'（母亲）。后来，由于计算的需要，又出现了分子大于分母的分数。人们一开始不习惯这种分数，就把它叫假分数。这是历史的误会，现在人们懂得了，你们假分数一点儿也不假，也是分数王国的成员！"

零国王大声说道："真分数、假分数都是分数，大家不要再为名字争吵了！"

假分数听小派这么一说，也就不再坚持要求改名字了。

零国王见假分数不再坚持改名字，赶紧说："算了，算了，大家都忙自己的事去吧，没事啦！"

突然，一匹快马风驰电掣般地奔来。数8没等马停住，就从马上跳下来，向零国王报告："零国王，大事不好啦！您的纯金大印、狮毛千里马和嵌满宝石的佩刀全丢啦！"

零国王听到这个消息，一句话也说不出来，两眼直往上翻，咕咚一声摔倒在地上。

知识点 解 析

真分数和假分数

把一个整体平均分成若干份，表示这样的一份或几份的数叫分数。分子可以比分母小，也可以比分母大，还可以等于分母。分子比分母小的叫真分数。分子比分母大或者等于分母的叫假分数。假分数可以化成整数或带分数的形式，如 $\frac{8}{4}=2$，$\frac{7}{4}=1\frac{3}{4}$。假分数还是很多真分数的倒数，如 $\frac{2}{3}$ 与 $\frac{3}{2}$ 互为倒数。

考考你

有分母都是10的真分数、假分数和带分数各一个，它们的大小只差一个单位分数。这三个分数分别是_____。

侦破盗宝案

零国王一连丢失了三件心爱的宝物，当时就急昏过去了。在场的人一时慌了手脚，有的给零国王掐人中穴，有的给他捶后背，有的给他抻腿……忙活了好一阵子，零国王才醒过来。

零国王一把鼻涕一把泪，哭得十分伤心，大家左劝右劝也不管用。

小派与奇奇商量了一下，对零国王说："你别哭了，我和奇奇来侦破这桩盗宝案，把盗宝贼抓住，你看好吗？"

听了小派的话，零国王立刻破涕为笑，掏出手绢把鼻涕、眼泪都擦干净："这可太好啦！务必请你们兄弟俩帮忙。俗话说，'做官的不能把印丢了'，我把纯金大印丢了，叫我怎么当国王啊？"

小派、奇奇和零国王火速赶回王宫，把有关人员都召集起来。

小派巡视了一下大家，问道："昨天晚上是谁在宫外巡逻呀？"

数 7 站出来说："是我。"

"昨天晚上 10 点钟有人用运算钩子钩过你吗？"

"有！晚上 10 点 5 分的时候，我正在宫墙外巡逻，忽然听到背后有响动，我急忙回头查看，只见一个黑影伸出加法钩子钩住了我。忽地一下，我就失去了知觉。"

小派点了点头，又问："昨天晚上是谁负责给狮毛千里马喂草料呢？"

数 17 战战兢兢地说："是我。"

"丢马时你在哪儿？"

"当时我肚子痛，去了厕所，回来时宝马就不见了。"

"好！一定是有人趁你去厕所的时机，变成你数 17 的样子，偷走了宝马。我们来实地表演一下。"说着，小派把数 7 和数 17 叫了出来，"假设我就是那个盗马贼，我用加法钩子钩住你数 7，变成了数 17。"

宫内立刻摆出了一个数学式子：

$$"盗马贼" + 7 = 17$$

小派高声说："请零国王把盗马贼解出来！"

"好的。"零国王仔细琢磨了一下这个式子，说，"只要把数 7 移到等号右边去就成了。"他摘掉钩在数 7 身上的加法钩子，把数 7 拉到等号右端，又拿起数 17 腰上的减法钩子钩在数 7 身上，变成：

$$"盗马贼" = 17 - 7$$

零国王大喊一声："变！"立刻看到：

$$"盗马贼" = 10$$

大家惊呼："盗马贼原来是数 10！"

1 司令带着士兵在人群背后找到了数 10。经过审问，数 10 承认宝马确实是他偷的。1 司令命令士兵给数 10 戴上手铐。

数 7 赶忙上前解释："虽然我和数 10 加在一起变成了数 17，但当时我不省人事，我可没参与偷马。"

小派说："你身不由己，没你的事。现在我们来找盗刀贼。昨天晚上是谁在大门口站岗？"

数 4 说："是我。"

"昨晚 12 点钟时，有人用运算钩子钩过你吗？"

数 4 说："昨晚我在宫门口站岗，时钟刚刚敲过 12 下时，忽然听到咔嚓一声，我回头一看，见一个戴眼罩的人用乘法钩子钩住了我，我立刻失去了知觉。"

"谁在一楼值班？"

数12站出来说："我在一楼值班。事情是这样的：昨天晚上我喝了点儿酒，困得不行。时钟敲12下时，我打了个盹儿。忽然听见门响，我睁开眼一看，只见一个戴眼罩的人腰上挂着一个失去知觉的数进来了。我刚想拿起武器，可是已经来不及了，他伸出减法钩子一下子就钩住了我。之后的事我就不知道了。"

小派说："之后的事由我来讲：昨天晚上，在二楼看守宝刀的应该是数40，正巧他得了急病去了医院，盗刀贼就冒充数40拿走了宝刀。咱们再列个算式，假设我就是那个盗刀贼，我用乘法钩子左边钩住了数4，用减法钩子右边钩住了数12。"出现在大家面前的是：

$$4 \times \text{"盗刀贼"} - 12 = 40$$

零国王急于知道是谁偷走他的宝刀，忙跑过来解算：

$$4 \times \text{"盗刀贼"} = 40 + 12$$
$$4 \times \text{"盗刀贼"} = 52$$
$$\text{"盗刀贼"} = 52 \div 4$$
$$\text{"盗刀贼"} = 13$$

零国王大喊："好啊！是他偷走了我的宝刀，快把他抓起来！"

奇奇站出来对大家说："大家已经看到了我朋友小派破案的威力。不管作案人多么狡猾,也一定能把他找出来！我看盗金印的贼,还是自首为好。"

奇奇的话音刚落,数23赶忙站出来说："我坦白,我自首,金印是我偷的。"

小派问："你把金印藏到哪儿去了？"

数23低着头说："我把金印藏到野牛山上了。"

零国王一听"野牛山",急得一个劲儿地跺脚,连说："完了！完了！"

四兄弟大战野牛山

奇奇不明白为什么一提"野牛山"，零国王就喊"完了"。他问："零国王，你为什么这么怕野牛山哪？"

"你可不知道哇！"零国王瞪着眼睛说，"野牛山上有一大群野牛。这群野牛个个体大劲儿足，两只牛角锋利如刀，捅到谁身上，谁身上就有两个大窟窿。"

小派摇摇头说："看来要请几位帮手啦！"

零国王赶紧打听："你说说，该请谁来帮忙？"

小派说："可以请四边形家族来帮忙。我听说四边形家族特别愿意帮助人，也特别有本事。他们在前面开路，挡住野牛的攻击，你们就可以上山取回金印。"

"好主意！就这么办。"零国王当机立断，"1司令，你带几名士兵，备上重礼，去四边形家族，请他们来帮咱们上野牛山取金印！"

1司令将后脚跟并拢，向零国王行了个军礼，便赶紧执行命令去了。

没过多久，1司令请来了四边形家族的四兄弟：大哥长方形、二哥菱形、三哥平行四边形、老四梯形。

零国王赶紧带队迎接，只见四边形四兄弟仪表堂堂，身高体阔，背厚肩宽，零国王十分高兴，笑呵呵地说："有劳兄弟四位出马，如能把金印取回，我必有重谢！你们兄弟四人一起上野牛山？"

"不用。"大哥长方形长得上下一样宽，他摇摇头说，"几头野牛有什么可怕的？我一个人上去就必胜无疑！"

零国王高兴地连连点头："好，好。你在前面开路，我派1司令带着奇数军团在后面接应。"

长方形毫不在乎地向大家摆摆手，昂首挺胸直奔野牛山而去。1司令带着奇数军团，排成方形队伍紧跟在后面。

到了野牛山，长方形冲着山上大喊："山上的野牛听着，快把零国王的金印交出来！如敢顽抗，我把你们都宰了，做红烧牛肉！"说完就甩开大步直奔山上走去。

长方形没走多远，只听山上哞的一声叫，一头褐色的大公牛低着头，两只锋利的尖角对准长方形直冲下来。

长方形不慌不忙地把身体一侧，只听咔嚓一声，牛角和长方形的一边撞在了一起。长方形真是好样的，那么锋利的牛角撞在他的一条边上，这条边硬是没有半点儿变形。

大公牛四脚扣地，用力向前顶，长方形用足全力和大公牛对着顶，一时谁也无法前进一步。

1司令指挥奇数军团的全体官兵给长方形助威："长方形加油！""坚持到底就是胜利！"口号声此起彼伏。

长方形和大公牛对峙了5分多钟，这时，大公牛还是牛劲儿十足，长方形却头上汗如雨下，十分吃力了。

又过了两分钟，长方形开始不断地喘粗气，身体发出一阵吓人的咯咯声。奇数军团的官兵搞不清是怎么回事，瞪大眼睛盯住长方形。忽然，长方形向后一歪，变成了平行四边形，平行四边形越来越扁，最后瘫倒在地上。哞——大公牛一声长叫，低着头直向奇数军团冲来。

"快跑呀！大公牛冲下来啦。"

"长方形被大公牛踩扁了，咱们也要没命啦！"

奇数军团被大公牛一冲，滚的滚，爬的爬，溃不成军。

突然，有人大喊一声："笨公牛休要撒野，我菱形来啦！"菱形用自己的一个角顶住大公牛的角。

哞的一声，一头火红色的大公牛从山上跑下来，换下了褐色大公牛，与菱形顶在一起。

红公牛的角和菱形的角猛力顶在一起，顶得直冒火星。红公牛与菱形僵持不下，5分钟、10分钟、15分钟……奇数军团的士兵重新聚集在一起，为菱形呐喊助威。

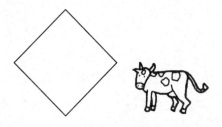

双方相持快 20 分钟了，菱形的四条边开始发出咯咯声。菱形开始变形：菱形的身体先是不断向后仰，由扁变方；接着又往后仰，身体越变越扁……

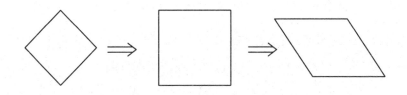

这次奇数军团的士兵有经验了，他们一看菱形要被顶倒了，掉头就跑，一边跑，还一边喊："菱形要被顶垮啦，快点儿跑吧！"

红公牛把菱形顶倒在地，踏着菱形的身体冲了过来，见数就顶，一连顶翻了好几个数。

梯形对平行四边形说："三哥，该你上啦！"

平行四边形哆哆嗦嗦地说："大哥、二哥那么棒的身子骨都没顶住，我上去也是白送命啊！"

"你不上去，我上去！咱们不能给四边形家族丢脸！"

说完，梯形一个人噔噔噔向山上走去。

红公牛正顶得起劲儿，忽然看见梯形一个人迎面走来，心想：又来一个送死的。红公牛哞的一声直向梯形顶去。看得出，红公牛是用足了全身的力气去冲顶梯形的，大家都为梯形捏一把汗。谁想到，梯形用坡面迎着红公牛，牛角刚接触坡面，就哧溜一滑，牛嘴啃在了梯形的腰上，撞出一个大包。

吃了亏的红公牛哪肯罢休，他后退几步，又低下头向梯形猛冲过去，哧溜——砰，红公牛的嘴又重重地撞在了梯形的腰上。

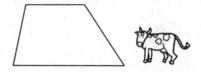

"好！"奇数军团的士兵看到红公牛连连受创，高兴得一个劲儿地叫好。

红公牛几次冲击失败，头脑也清醒了。他开始琢磨新的进攻方式。红公牛慢慢走到梯形身边，先用牛角把梯形的底边撬起来，然后把梯形顶成一腰着地，再一顶，把梯形顶了个底朝天。

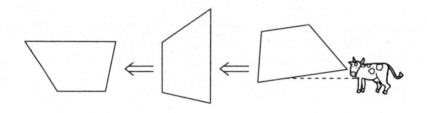

红公牛见机会已到，连续后退几步，猛地向梯形顶去。

刚开始，梯形还全力与红公牛抗衡，但是没过几分钟，他的身体就开始咯咯作响。奇数军团的士兵知道梯形不行了，大家又是一哄而散，纷纷往山下跑。果然，没过多久，红公牛踏着梯形的身体冲过来。红公牛把所有奇数都赶下了山，就掉头回去了。

1司令气喘吁吁地逃下山来，急忙向零国王报告："零国王，大事不好啦！四边形家族的四兄弟，三个壮烈牺牲，一个去向不明！"

"啊？"零国王顿时傻了眼。

三角形显神威

小派一看零国王两眼发直，忙安慰说："零国王，请别着急。没想到野牛有这么大的力气！不过，还有身体比四边形更结实的图形。"

零国王忙问："是谁？"

"三角形。"小派介绍说，"三角形家族兄弟三人：老大锐角三角形、老二钝角三角形、老三直角三角形。别看他们比较瘦，长得也不够匀称，可是个个长着钢筋铁骨。"

零国王立刻下令："2司令，你带几名弟兄，抬着礼物，去请三角形三兄弟来帮咱们战胜野牛！"

"是！"2司令赶紧去执行命令。

过了一会儿，2司令只请来了老三——直角三角形。

零国王心里不大高兴，皱着眉头问："怎么只请了一个三角形？"

2司令回答："他们说来一个就足够了。"

"什么？四边形兄弟四个，个个长得肩宽背厚，结果是三个死一个失踪。这个直角三角形也只有长方形的半个大小，来这么一个管什么用？"零国王发火了。

直角三角形笑嘻嘻地说："零国王，别小瞧人哪！俗话说，'是骡子是马，咱们拉出去遛遛'。我这就上野牛山，和野牛比试一下给您看看。"说完，直角三角形晃晃悠悠地向山上走去。

零国王急忙命令2司令带着偶数军团在后面接应。

直角三角形往山上没走多远，忽听哞的一声，一头花公牛带着滚滚尘埃，从山上直向直角三角形冲来。直角三角形不慌不忙，用直角边对准花公牛站好，专等花公牛来撞。

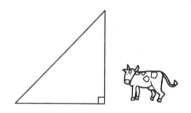

咚的一声，花公牛的角狠狠撞在了直角边上，撞得火星乱冒。

花公牛用足全身力气去顶直角三角形，直角三角形却像没事儿一样，悠然自得地吹起了口哨。

双方相持不下，10分钟过去了，15分钟过去了，20分钟过去了，花公牛开始大口大口地喘粗气，又过了一会儿，咕咚一声，花公牛的两条前腿跪倒在地上。

"好哇！直角三角形胜利啦！"偶数军团的士兵齐声欢呼。

哞！哞！两声闷雷般的吼声，褐色公牛和红色公牛一齐从山上扑了下来，两头公牛轮番向直角三角形进攻。咚！咚！牛角撞击直角边的声音不绝于耳。2司令和偶数军团的士兵真替直角三角形捏一把汗。

也不知撞了多少下，两头公牛已经全身冒汗，呼呼直喘粗气。再看直角三角形，他仍然泰然自若地吹着口哨。

红公牛想起了战胜梯形的办法。他慢慢走近直角三角形，先用角把直角三角形的底边撬起来，然后用力一顶，直角三角形翻了一个滚儿，斜边躺在地上。红公牛后退几步，然后用力向直角三角形撞去，由于这时的直角边是倾斜的，牛角顶上去打滑，所以，红公牛一连几次都嘴啃在直角边上，把嘴都撞肿了。

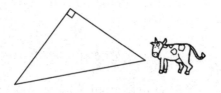

红公牛还不甘心，又把直角三角形的底边撬起，直角三角形又翻了一个滚儿，用斜边对着红公牛。红公牛发现，这斜边更不好顶。而直角三角形呢，他不动声色地任凭红公牛来回翻动。

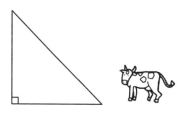

两头公牛对直角三角形实在无计可施，只得夹着尾巴败回山去。

"好哇！把大公牛斗败喽！""三角形真是好样的！"偶数军团中发出阵阵欢呼声。

直角三角形带领偶数军团直奔山顶，路上偶尔遇到几头野牛，他们一看见直角三角形，掉头就走。大家顺利来到山顶，在山顶一块突出的岩石上，找到了零国王的金印。

2 司令手捧金印下了山，零国王那个高兴劲儿就别提了，他又是唱歌又是跳舞，逗得大家哈哈大笑。零国王拉着直角三角形的手千恩万谢。

忽然，大家听到有人在哭泣。循声望去，原来是平行四边形拖着散了架的三位兄弟——大哥长方形、二哥菱形、四弟梯形走了过来。零国王跑步迎了上去，紧紧握住平行四边形的手，眼里饱含热泪："真对不起你们兄弟！为了夺回金印，你们四边形家族做出了巨大牺牲，兄弟四人，现在只剩下你一个了。我承诺：一定厚礼安葬牺牲的三兄弟，并且发给你一大笔抚恤金，让你的生活有着落。"

零国王面对散了架的三个四边形，跪倒在地，磕了三个头，然后放声痛哭，周围的人也都为之流泪。

"哈哈……"直角三角形忽然大笑起来，把在场的人都吓了一大跳。

奇奇生气了，质问直角三角形："大家都为牺牲了的三个四边形而流泪，你怎么幸灾乐祸呢？"

"不，不。"直角三角形连连摆手，"我不是幸灾乐祸，我是觉得你们哭得好笑。这三个四边形虽然表面上被公牛顶散了架，实际上他们都没死。"

"没死？"听了直角三角形的这番话，大家十分惊奇。

直角三角形说："你们把他们三个重新装好，他们就都活了。"

"真的？"零国王心里燃起了希望。他下令先把长方形组装好。奇数军团的士兵把长方形的四条边找齐，在地面上重新对接好。

1司令指挥士兵把长方形扶起来。他高举指挥刀，喊道："大家都准备好，各就各位，一——二——三！"随着1司令的口令，士兵们一起用力把长方形扶了起来。扶是扶起来了，可是长方形没站稳 1 分钟，又哗啦一声倒在了地上。

小派走到长方形身边，仔细看了看："长方形连接两条边的关节被野牛撞坏了，这些关节已经支撑不住长方形啦！"

零国王双手一拍大腿，着急地说："这可怎么办！各位，各位，你们可别见死不救啊！"

直角三角形微笑着对零国王说："国王，你看我这身子骨怎么样？"

零国王跷起大拇指，说："你的身子骨可是没说的，真可谓钢筋铁骨！那么多野牛在你面前都甘拜下风！"

"能不能把这三个散了架的四边形改装一下，让他们变得和我一样结实呢？"

"这个……"这下可把零国王难住了。

奇奇想出个好主意："给这三个散了架的四边形，每人装上一条对角线。这样一装，把每个四边形都变成了两个三角形，三角形可是结实的呀！"

"好主意！"零国王立即命令士兵给散了架的长方形、菱形和梯形都装上一条对角线。奇迹发生了，装上对角线之后，这三个四边形不但个个都站住了，而且都死而复生！

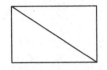 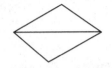 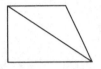

　　零国王决定大摆酒筵，庆祝夺取金印的胜利。酒过三巡，零国王忽然低头不语，奇奇忙问："零国王，您怎么啦？"

　　奇奇这一问，又勾起零国王的伤心事来。

知识点 解 析

三角形的稳定性

　　故事中，三角形之所以能战胜公牛，是因为三角形具有稳定性。因为这一特性，三角形在我们的生活中有着各式各样的用处。例如，古老的埃及金字塔、著名的埃菲尔铁塔都建造成三角形形状，这样的建筑形状使得它们更加稳固，且富有数学之美。此外，我们生活中的钢架桥，也是利用了三角形的稳定性，从而能承载更多的重量。

考考你

动动手，来感受一下三角形的稳定性。

（1）将三根小木棍用钉子钉成一个三角形木架，然后扭动它。

（2）将四根小木棍用钉子钉成一个四边形木架，然后扭动它。

狮虎纵队战老鹰

奇奇一问，勾起了零国王的伤心事。零国王哽咽着说："虽说金印找回来了，但是我那把嵌满宝石的佩刀至今仍下落不明，真叫我放心不下！"

小派建议提审盗刀贼，弄清宝刀的去向。士兵把盗刀贼数13押了上来。零国王一拍桌子："数13，你把我的宝刀藏到哪儿去了？赶快如实交代，免得皮肉受苦！"

数13哆哆嗦嗦地说："事情是这样的：那天我想把宝刀藏到一个保险的地方，我走到老鹰岩附近，就觉得太阳光忽然被什么东西遮住了。我抬头一看，我的妈呀，一只巨大的食数鹰向我扑来！我两眼一闭，心想：这下子可完了，非被食数鹰吃掉不可！"

零国王听入了神，忙问："后来呢？"

"我闭着眼等死，食数鹰却没有吃我。它在我头上转了三圈，然后一个俯冲把我手中的宝刀抢走了，一声长啼后，径直朝老鹰岩飞去。"

"完喽，完喽！"零国王搓着双手说，"食数鹰是专门吃我们这些数的，宝刀让它抢走了，可就算完了！"

$\frac{1}{10}$ 国王和 0.1 国王一听到食数鹰，也都连连摇头；1 司令和 2 司令把头缩进脖子里，失去了昔日的威风。

奇奇很不服气，他问大家："难道你们连一点儿办法都没有？"

数 8 想了想，说："依我看，办法还是有的。虽然我们数斗不过食数鹰，但总会有斗得过食数鹰的东西吧？"

零国王忙问："你说说这些东西都是什么？"

"老虎、狮子、猴子，这些动物都不怕食数鹰。我们可以利用它们去进攻食数鹰，夺回宝刀！"数 8 的这个主意得到了在场人的拥护。

零国王立刻下令，让 2 司令带领他的偶数军团去组建一支名叫"狮虎纵队"的动物特种部队，专门用来对付食数鹰。

2 司令不敢怠慢，赶紧去组建狮虎纵队。2 司令也真够有能耐的，不到三天，他就把狮虎纵队组建好了。

今天举行阅兵式，零国王要检阅新组建的狮虎纵队。一大早，阅兵台就搭好了。10 点整，三声炮响后，零国王率领文武百官登上阅兵台，小派和奇奇也应邀登台一起检阅。

检阅开始了，2 司令平端着指挥刀走在队伍最前面，

后面是一个比一个大的方块形队伍：数 4 当分队长，领着
4 只狮子；数 9 当分队长，领着 9 只老虎；数 16 当分队长，
领着 16 只猴子……

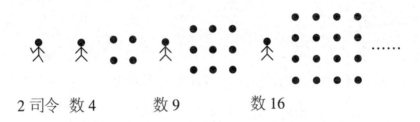

2 司令　数 4　　　　数 9　　　　数 16

"好，好！"零国王带头鼓掌。他回过头对阅兵台
上的官员说："每个分队都是一个平方数。嗯？数 9、
25、49 都不是偶数军团的人，他们怎么也服从 2 司令的
指挥了？"

1 司令解释说："2 司令向我借几个弟兄，我就借给
他了。"

"这么说，你和 2 司令和好了？"

1 司令笑着点了点头。

阅兵式正在进行，数 5 忽然匆匆来报："东面发现一
大群食数鹰正向这里飞来。"

零国王拍案而起："来得好！我没去找它们，它们偏
找上门来送死！2 司令，率狮虎纵队向东进军，消灭这群

食数鹰！"

"是！"2司令立刻带着狮虎纵队向东面进发。队伍没走多远，数7一溜小跑过来，向零国王报告："西面发现十几只食数鹰正向这里飞来！"

"啊？"零国王听说食数鹰要来个两面夹攻，顿时没了主意。

1司令提醒说："零国王，是不是让2司令把狮虎纵队兵分两路，一路向东，一路向西，两面迎敌？"

"好主意，好主意！"零国王又把2司令率领的狮虎纵队召了回来。零国王说："2司令，你把狮虎纵队一分为二，一队向东，一队向西。"

2司令面露难色："零国王，把狮虎纵队平均分成两队，不好分哪！"

"这有什么难分的？"

"数目为偶数的方队，比如4、16、36等都好分，可是有些方队是奇数，这就不好分了。"

"我看差不多就行了，不一定要两个分队的数目都一样。来，我给你分开。"说完，零国王拿着一根木棍走下阅兵台，在每个分队中都斜着画了一道。

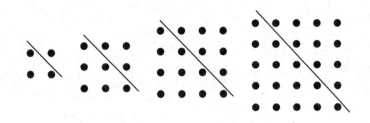

　　零国王挥了挥手，说："就这样分：斜道下面的算第一纵队，由2司令率领，向东面迎敌；斜道上面的算第二纵队，由1司令率领，向西面迎敌。马上出发！"

　　零国王刚想返回阅兵台，一大群分队长拦住了他："零国王，你把正方形队变成了三角形队，我们这些分队长都没法儿干了，您另请高明吧！"

　　零国王想了想，说："你们辞职是有道理的。因为人数变了，你们再当分队长就名不副实了。可是，由谁来当分队长呢？"

　　奇奇在一旁插话说："当分队长的数应该和各分队的人数一致。"

　　零国王点点头说："这个道理我是明白的，但是我不会算三角形队伍的数目。"

　　不会算的问题，当然都推到小派身上。小派想了想，说："我们可以先把斜线上面的三角形队伍含有的数目算出来。他们应该是1，3，6，10……"

"有什么规律吗？"

"有，如果把三角形队伍从小到大都编上号，那么每一个三角形队伍的数目等于前一个三角形队伍的数目加上这个三角形队伍的编号。"小派怕零国王听不懂，又给零国王画了个示意图：

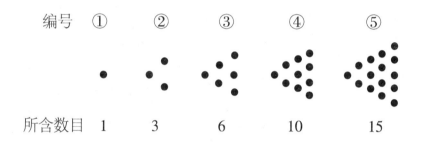

小派一边画，一边解释："这里的规律就是：1+②=3；3+③=6；6+④=10；10+⑤=15。"

零国王一拍手说："我明白了，我马上就任命新的分队长！"

奇奇提了个问题："向东的纵队中，数3要当分队长；向西的纵队中，数3也要当分队长。这一个数3，怎么能当两个分队的队长呢？"

"哈哈，这你可就不知道了。我们数有一个特性，个个都会分身术，别说需要两个3，你要十个八个的3，照样能分出来。"

零国王一声令下，2司令带队向东，1司令带队向西，两面迎击食数鹰。

2司令带队走出一千多米远，就见天上黑压压飞来一群食数鹰。食数鹰一看到2司令和数3、6、10等分队长，馋涎欲滴，立刻冲下来，想把这些数抓来吃掉。谁想食数鹰的爪子还没抓到这些数，嗷的一声，狮子和老虎一起扑了上去，张开血盆大口猛咬食数鹰。猴子们也不甘示弱，跳起来抓住食数鹰就拔毛。食数鹰也奋力还击，用尖锐的鹰嘴猛啄狮虎纵队的成员。一时间，狮吼、虎啸、鹰啼、猴叫，羽毛乱飞，好不热闹。

奇奇在阅兵台上被这激战的场面吸引，跳下台来说："我去看看热闹！"说完一溜烟向东面跑去。奇奇在离战场五十多米的地方站着看热闹，看到精彩处还不断鼓掌叫好。

忽然，一只食数鹰从天而降，抓住奇奇又飞上天空。奇奇一边挣扎，一边喊叫："我又不是数，你抓我干什么？"

食数鹰并不搭理他，径直向高空飞去。

"救命啊！"奇奇在空中不停地叫喊。

知识点 解析

找规律

故事中，无论是第一次检阅，还是第二次分队进攻的阵形，都是有一定规律的，我们可以通过找到其中的规律来计算一个队伍到底有多少名士兵。

在数学学习中，找规律是我们解决问题经常用到的手段，需要我们有敏锐的观察力和严密的逻辑分析能力。我们在寻找规律时，应该掌握一些方法：①从数量比较少的简单图形入手，但是不能只凭一个图形就去得到规律；②按顺序观察图形，可以从左到右、从上到下，有时也要上下左右相结合，同时还要注意序号的变化；③刚开始时，不要怕麻烦，一定要尝试去数一数，看能不能从较为简单的数据中找到规律。

考考你

如下图所示，用小圆点来盖房子，你知道第10个房子要用几个小圆点吗？

仙鹤王子助战

食数鹰抓住奇奇直往高空飞，奇奇不停地喊"救命"。突然，一声长鸣响起，只见仙鹤王子快速飞来，向食数鹰发起攻击。食数鹰哪里是仙鹤王子的对手，没战几个回合，便身上几处负伤。食数鹰不敢恋战，赶紧扔掉奇奇，自顾逃命去了。

食数鹰双爪一松，可苦了奇奇，他脑袋朝下栽了下去。"救命啊！"奇奇大声呼救。仙鹤王子赶快飞到奇奇的下方，稳稳地把他托住。

仙鹤王子安慰奇奇说："奇奇别害怕，你已经没事了。"

奇奇擦了一把头上的汗："谢谢你，仙鹤王子。要不是你救了我，我就算不叫食数鹰吃了，也要被它摔死！"

奇奇骑在仙鹤王子背上往下一看，下面的战斗正在激烈进行着。虽然1司令和2司令各指挥一支强大的狮虎纵队，但是狮子也好，老虎也罢，都是陆上的猛兽，飞不起来，食数鹰却能上能下，占了不少便宜。

奇奇不禁说道："看来狮虎纵队打不赢食数鹰！"

　　"这不要紧，我来助一臂之力！"仙鹤王子在空中高叫三声，就呼啦啦飞来一大群仙鹤。他们有着雪白的身体，黑色的颈和翅膀，头上都戴着一顶艳红的帽子。他们鸣叫着，在空中排成整齐的队形，正在听候仙鹤王子的命令。

　　"向食数鹰进攻，消灭它们！"仙鹤王子一声令下，仙鹤群猛扑向食数鹰。这一来，食数鹰吃不消了，往上逃的，上面有仙鹤在进攻；向下飞的，下面有狮子、老虎在撕咬。食数鹰在上下两面的攻击下溃不成军，有的被仙鹤啄伤，掉在地上被老虎、狮子咬死；有的直接被仙鹤啄死。不到一顿饭的工夫，食数鹰几乎被消灭干净。最后一只食数鹰飞回了老鹰岩，藏进一个很深的洞穴。

仙鹤王子驮着奇奇，一直在空中督战。他看到一只食数鹰溜走了，立刻追了上去。仙鹤王子不怕危险，飞进洞穴，与这只食数鹰进行搏斗，几个回合下来，这最后一只食数鹰也被仙鹤王子啄死。从此，世界上再也不存在食数鹰了。

奇奇在洞穴最深处发现一件闪闪发亮的东西，他走近一看，原来就是零国王那把嵌满宝石的佩刀。

零国王看见仙鹤王子驮着奇奇徐徐落下，并把心爱的佩刀还给了他，高兴地又立即召开了庆功宴会。

零国王高举酒杯："感谢仙鹤王子消灭了食数鹰，为我们数世界除了一大害！感谢奇奇为我找回了佩刀！咱们干杯！"

正当大家举杯庆贺的时候，数10低着头走到零国王面前。他对零国王说："您的狮毛千里马被我偷出王宫，我想骑着它玩玩，没想到它四蹄腾空跑了起来。我问千里马要去哪儿，它说去找它的远房亲戚食数兽。"

零国王惊讶得将口中的酒都喷了出来："什么？它有

这样一个远房亲戚？我怎么从来没听它提起过呢？"

"这个食数兽真可怕呀！它巨头、大嘴、全身无毛，最奇怪的是它长了三条腿。"

"这可怎么好呀！刚刚把食数鹰消灭掉，又出来个食数兽，我的狮毛千里马和它还是亲戚！"零国王一着急，又不知道该怎么办才好。

1司令建议先派几名侦察兵，侦察出食数兽究竟在哪儿，也好出兵讨伐。数5、24和44自告奋勇，愿意去侦察食数兽的行踪。

没过多久，数5只身一人跑了回来，他哭诉道："我们三个走出不远，就看见一只怪兽向我们走来。怪兽看见数24，张开血盆大口，一口把他吞了下去；见了数44，又大嘴一张，把他也吞了进去。我想这下子可完了，想跑，可是两条腿动弹不得。我只好闭眼等死，没想到怪兽大步走过来，只用鼻子闻了闻我，竟然摇摇脑袋走开了，我才算捡了一条命！"

2司令拍案而起，挺着胸脯说："这怪兽实在可恶，接连吃掉偶数军团的两个弟兄。请零国王快下命令吧，我立刻率队出发，和怪兽决一死战！"

1司令在一旁摆摆手说："怪兽身高嘴大，凶猛异常，与它硬拼，怕是损失太大！"

2 司令满脸怒气地嚷道："1 司令贪生怕死，我坚决请战！"

零国王怕两人又吵起来，眼珠一转，说："我有个好主意！"

零国王智斗怪兽

1司令和2司令同时问："零国王有什么好主意？"

零国王用手拍了拍前额，说："怪兽吃了数24和44，偏偏不吃数5，这里面一定有什么奥秘。我想再挑选4个各种类型的数，对怪兽进行一次试探性的进攻，以探虚实。"

大家都说这个主意比较稳妥。零国王挑选了数6、14、35和100，让他们组成一个小分队，立即出发，攻击怪兽。

4个数刚刚埋伏好，只听一声号叫，怪兽出现在眼前。数6大喝一声，跳起来举刀就砍。怪兽咬住刀口用力一甩，数6连刀带人飞出老远，重重地摔在地上，昏了过去。

数14挺枪就扎，数35连连放箭，无奈丝毫伤害不了怪兽。忽然，怪兽发现了数100，它立刻目露凶光，没等数100举起武器，就一口把他吞下了肚。

数14和数35不敢恋战，搀着受伤的数6跑了回来。刚才的战斗，大家看得一清二楚。零国王叫大家发表高见。

1 司令首先发言，他说："看来，怪兽确实不是什么数都吃。它对数 5 只闻不吃，数 6 被它甩出去摔昏，本来完全可以一口吞下，可它还是不吃。"

零国王说："它吞食了数 100，会不会专吃末位数是 0 的数呢？"

"不会。"1 司令说，"它还吞食了数 24 和数 44 呢，他们俩的末位数都不是 0。"

2 司令接着问："它会不会专吃末位数是 0 或 4 的数呢？"

"也不对。"1 司令摇摇头说，"刚刚派去的数 14，它为什么不吃？"

零国王着急地问："你说这头怪兽专吃什么数？"

1 司令耸耸肩说："说不准，天才晓得！"

小派建议："我觉得一方面应派人去调查一下，搞清楚怪兽的来龙去脉，有什么特点。另外嘛……"小派凑在零国王的耳边小声嘀咕了几句。零国王立即派 1 司令去调查清楚。

2 司令想向国王探听小派说了些什么。零国王摆摆手说："咱们去城楼观战好了！"

零国王率领大家登上城楼，只见数 60 走出城门，赤手空拳向怪兽扑去。怪兽见到数 60，张开血盆大口扑了过来。奇怪的是，数60不慌不忙倒地一滚，站起来的是2司令和数30，这是因为 $60 = 2 \times 30$ 。怪兽见了这两个数，忽然闭上嘴，转身就走。

零国王点点头说："看来数30和2司令不是它要吃的数。"

数60恢复了原样，然后又倒地一滚，变成了数5和数12。怪兽忽地又转回身来，张开大嘴直扑数12。数12赶紧跑进城门，把大门紧紧关上。怪兽在城外又吼又叫，大有不吃下数12誓不罢休的劲头。

"嗯？奇怪呀！"零国王不明白了，"数14、30、12都是偶数，怪兽却有的吃，有的不吃。"

小派说："咱们找找规律。怪兽吃了数24，吃了数44，又吃了数100，而对数5、6、14、35、2和30却一口不咬。"

"我找到答案啦！"零国王高兴地说，"$24 = 4 \times 6$，$100 = 4 \times 25$，$44 = 4 \times 11$，看来怪兽专吃含有因数4的数。"

2司令说："有道理！"

一阵急促的马蹄声由远及近，1司令调查完回来了。他汇报说："此怪兽全名叫'三腿食数兽'。它觉得3条腿太难看了，非常希望自己和其他动物一样，长有4条腿。一次，它听巫婆说，只要它以后只吃含有因数4的数，而不再吃别的数，就可以长出第四条腿来。"

"嗯，和我分析的一样。"零国王又问，"那如何能制服它呢？"

1司令答："如果它肚子里含有因数4的数全部没有了，它会立刻饿死。"

零国王高兴地一拍大腿，说："好！这回你们看我的了！"说完拉过一匹战马，飞身上马，只身出了城，直向食数兽奔去。

食数兽见到零国王，并不张嘴去咬，只是发出阵阵吼声进行恐吓。零国王并不理睬食数兽的恐吓，他催马走到食数兽跟前，忽然从马背上跃起，抓住食数兽的下嘴唇，身子往上一翻，哧溜一声钻进食数兽的大嘴，咕咚一声滑进了它的肚子里。

文武百官大惊失色，1司令把指挥刀向上一举，大喊："部队马上集合，赶快抢救零国王！"

城门大开，部队分成奇、偶两个军团冲了出去，向食数兽发起攻击。

忽然，食数兽像着了魔，在原地乱蹦乱跳，看样子是肚子里很难受。又过了一会儿，它忽然大吼一声，跌倒在地，蹬了蹬腿就死了。

大家被食数兽这突然的举动吓傻了。1司令忽然想起了什么，双手掩面哭道："我们的零国王，你死得好惨哪！都是我这个当司令的不好，让你死在食数兽的肚子里，呜呜……"士兵们也跟着放声大哭。

突然，食数兽的大嘴动了一下，嘴里还传出说笑声。过了一会儿，那大嘴一下张开了，零国王和数24、44、100手拉手笑嘻嘻地走了出来。

大家都十分惊奇："国王陛下，你是怎样制服食数兽的？"

零国王笑嘻嘻地说："我钻进它肚子里，和数24、44、100做了个连乘：$24 \times 44 \times 100 \times 0$，结果变成了0。这家伙肚子里一没食物，立刻就饿死了！"

大家齐声称赞零国王智勇双全。这时，一匹红色的卷毛骏马从远处跑来，径直走到零国王身边，还不停地打着响鼻，跟零国王亲热。零国王搂着红马，流着热泪说："我的宝马，你终于回来了！"

大家正兴高采烈地议论狮毛千里马的归来，忽然，一个高大的古希腊人快步如飞地走来。

他是谁？

孙悟空遇到的难题

零国王并不认识这个高大的古希腊人，忙问："你从哪里来？你找谁？"

古希腊人说："我是古希腊神话中善跑的勇士，名叫阿溪里斯。我是来找零国王给我洗清不白之冤的。"

"我就是零国王。你有什么冤情？请说吧！"

"唉！"阿溪里斯叹了一口气，说，"有人说，我这个世界上跑得最快的勇士，硬是追不上爬得最慢的乌龟。"

"这不可能！"零国王激动起来，"连我也能追上乌龟，你怎么可能追不上它呢？"

"我也是这样想的，可是人家推算得很有道理呀！"

阿溪里斯在地上画了个图（见下页图），说："这个人说，假设乌龟从 A 点起在前面爬，我同时从 O 点出发在后面追。当我追到 A 点时，乌龟向前爬行了一小段，到了 B 点；当我急忙从 A 点追到 B 点时，乌龟也没闲着，它又向前爬行了一小段，到了 C 点……这样追下去，我每次都需要先追到乌龟的出发点，而在我向前追的同时，

乌龟总是又向前爬行了一小段。尽管我离乌龟越来越近，可是永远也别想追上乌龟！"

"这真是件怪事！"在场的人都感到这是个棘手的问题。

零国王拍了拍自己的头："这事儿我也解决不了哇！太难啦！"

"没什么可难的，我来帮你解决。"大家回头一看，是 0.1 国王在讲话。

阿溪里斯赶忙向 0.1 国王鞠躬："您能帮忙，太感谢了！"

0.1 国王问阿溪里斯："你知道 $0.\dot{9} = 1$ 吗？也就是说 $1 = 0.9999\cdots\cdots = 0.9 + 0.09 + 0.009 + 0.0009 + \cdots\cdots$"

"知道，知道。"阿溪里斯频频点头，说，"据说现在的小学生都知道。"

"知道就好。"0.1 国王说，"我让你跑慢点儿，每秒钟能跑 10 米；我让乌龟跑快点儿，让它每秒钟跑 1 米。我再假定乌龟的出发点 A 距离 O 点 9 米。"

0.1 国王停了停，接着说："你用 0.9 秒跑完 9 米到了 A 点，乌龟在 0.9 秒的时间内，向前爬了 0.9 米到了 B 点；你再用 0.09 秒钟跑完 0.9 米追到了 B 点，乌龟在 0.09 秒内，又向前爬了 0.009 米到了 C 点……你这样一段一段向前追，所用的总时间 t 及总距离 s 是：

$$t = 0.9 + 0.09 + 0.009 + \cdots\cdots （秒）$$

$$s = 9 + 0.9 + 0.09 + 0.009 + \cdots\cdots （米）$$

因为 $0.9 + 0.09 + 0.009 + \cdots\cdots = 0.999\cdots\cdots = 1$

所以 $t = 1 （秒）$

$$s = 10 \times (0.9 + 0.09 + 0.009 + \cdots\cdots)$$

$$= 10 \times 1$$

$$= 10 （米）$$

你瞧瞧，你只需用 1 秒钟跑完 10 米的距离，就可以追上乌龟了。"

阿溪里斯瞪大了眼睛说："0.1 国王，你可真伟大！"

0.1 国王忙说："倒不是我伟大，而是无限循环小数的性质太奇妙了。"

阿溪里斯深有感触地说："我号称'神行太保'，由于缺乏数学知识，竟蒙受追不上乌龟的不白之冤。看来，我得好好学习数学了。再会啦！"说完一眨眼就不见了。

大家正称赞阿溪里斯极快的奔跑速度，只听半空中有人高喊："零国王，近来可好？"接着一道白光闪过，只见孙悟空手提金箍棒，腰围虎皮裙，站在大家面前。

零国王拱手施礼道："不知孙大圣驾到，有失远迎，多有得罪。"

孙悟空赶忙施礼，说："好说，好说。各位数字国王在此，老孙有一事不解，前来求教。"

零国王笑着说："有什么事能难倒大圣啊？"

"说来可笑，我被一个孩童问住了。"孙悟空不好意思地说，"有一个孩童口袋里装有 10 块糖，让我用 1 分钟的时间，把糖一块一块地取出来。我想这个容易，我用 0.1 分钟取 1 块，1 分钟就能全取出来了。"

$\frac{1}{10}$ 国王在一旁说："这怎么能难倒大圣呢？"

孙悟空说："这个孩童又拿出一个口袋，里面装有

100 块糖，还是让我在 1 分钟内把它们一块一块地全部取出来。我想，这也不难，只要动作快一点，用 0.01 分钟取 1 块，1 分钟可以把糖都取出来。谁料想，这个孩童又拿出一个口袋，硬说里面装有无数块糖，还让我用 1 分钟的时间，把它们一块一块地取出来。这，这，我该如何取呢？"说到这儿，他急得抓耳挠腮，直搓双手。

"哈哈，这点儿小事，也让大圣发愁！"大家回头一看，又是 0.1 国王在说话。

0.1 国王接着说："我给大圣出个主意。你用 0.9 分钟取出第一块糖，用 0.09 分钟取出第二块糖，用 0.009 分钟取出第三块糖……你这样越来越快地取下去，把你取这无穷多块糖所用的时间都加在一起，就是：

$$0.9 + 0.09 + 0.009 + \cdots\cdots$$
$$= 0.999\cdots\cdots$$
$$= 0.\dot{9}$$
$$= 1$$

你看看，取完这无穷多块糖所用的时间恰好为 1 分钟。"

"妙极了，妙极了！"孙悟空高兴得连蹦带跳，"看来，我要好好学习数学，不然，连个孩童都不如了。"说完朝大家一拱手，一个跟头就无踪无影了。

"哈哈……"零国王高兴地说，"就连神仙也离不了咱们的数学呀！"

"唉！零国王的三件宝贝都找回来了，可是我还没着没落呀！"

大家一看，说话的还是 0.1 国王。

知识点 解 析

$0.\dot{9} = 1$ 的奥秘

故事中，0.1 国王利用 $0.\dot{9} = 1$ 这一规律解决了阿溪里斯和孙悟空的难题。那么，你知道如何证明 $0.\dot{9} = 1$ 吗？

我们都知道 $0.\dot{3} = \frac{1}{3}$，而 $0.\dot{9} = 0.\dot{3} \times 3$，所以 $0.\dot{9} = \frac{1}{3} \times 3 = 1$。

你能在数轴上找一个在 $0.\dot{9}$ 和 1 之间的数吗？

重建小数城

零国王高兴，0.1 国王却还在发愁。一问才知道，由于地震，小数城已夷为平地，所有小数无处安身，身为一国之主的 0.1 国王怎么不犯愁呢？

奇奇说："咱们有钱的出钱，有力的出力，帮助 0.1 国王重建小数城，你们看好不好？"

"好！"在场的人异口同声地表示赞同。

$\frac{1}{10}$ 国王说："重建小数城，先要搞好建筑设计。"

"说得对！"零国王说，"要把小数城建设得既美观又结实。"

0.1 国王忙说："最重要的是，要能抗住 8 级地震！"

小派说："我看小数城原来的房屋，房顶最不结实了，都是平顶房子，很容易散架！"

"你说，房顶修成什么样子才结实？"

小派说："野牛山取金印时，你已经看到了，三角形是钢筋铁骨。如果把屋顶修成三角形的，肯定结实！"

"嗯，说得有理。"0.1 国王点点头说，"就依你的意思，把屋顶都修成三角形的！"

三角形家族中的三兄弟高兴地咧着大嘴说："不怕不识货，只怕货比货。野牛山上这一较量，你们就知道谁最结实了。"

听了三角形兄弟的话，长方形老大不高兴，他说："既然三角形那么结实，那么好，在修建小数城时，干脆把窗户、门，甚至房屋本身都修成三角形的算了！"

零国王表达了不同意见："除了房顶，别处也修成三角形的就不好看了。我看，房体、窗户和门都要修成长方形的。"

0.1 国王同意零国王的意见，不过他提了一个问题："长方形也有长一些的、扁一些的，究竟长方形的长与宽之比是多少时，长方形才最好看？"

奇奇笑了笑，说："长方形都长得一个模样，有什么好看不好看的？"

长方形把眉头一皱，一伸手变出一本书和一个笔记本，递给奇奇："请你先量量这本书和这个笔记本的长和宽，再用宽除以长，看看等于多少？"

奇奇量了量，又算了算，说："大约等于 0.62。"

"对。再精确点儿，应该等于 0.618。你知道 0.618 是个什么数吗？"长方形说，"0.618 叫作黄金分割数，简称黄金数。不管是书本还是窗户、门，如果宽除以长等于0.618，它们看起来就非常和谐，非常舒服。"

三角形三兄弟中的老二——钝角三角形不服气，他问："我怎么没看出有哪个长方形长得又和谐，看着又舒服呢？"

"那是你有眼无珠！你来看。"长方形一指，众人面前出现了一座古希腊爱与美之神——维纳斯的塑像。

长方形在维纳斯塑像前画了三个长方形，说："最美的人体是以人的肚脐为中心，各个部位都符合黄金分割比例，从而构成许多黄金长方形。"

长方形又一指，人们眼前又出现一座古老的神庙。他大声叫道："看哪！这是古希腊著名的建筑——帕特农神庙，它的布局和结构都符合黄金分割的比例，整个建筑包含着无数个黄金长方形。"

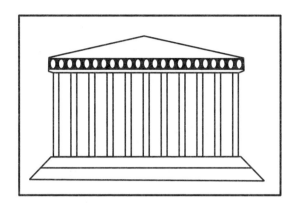

直角三角形在旁边插了一句："你也就知道两千多年前的古希腊吧？"

"不，不。"长方形连连摇头说，"法国著名建筑——巴黎圣母院的整个结构，是按照黄金长方形建造的；意大利画家达·芬奇的代表作品《蒙娜丽莎》，也是按照黄金分割的比例来构图的。"

锐角三角形提了个问题："你总说黄金长方形，黄金长方形是用黄金做成的长方形吗？"

"不，你又搞错了。"长方形解释说，"所谓黄金长方形，是指宽与长之比恰好等于黄金数 0.618 的那种特殊的长方形，即 $\dfrac{长方形的宽}{长方形的长}=0.618$。我来给你变一个。"

说完，长方形把自己的长和宽做了一些调整，变成了新的长方形 $ABCD$。

长方形 ABCD 一拍胸脯说："我就是一个黄金长方形!"

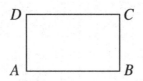

三角形三兄弟点了点头，异口同声地说："噢，原来是这么回事!"

"好戏还在后面哪!"梯形往前走了两步，在黄金长方形 DC 边上量出 DE=AD，然后唰的一下从 1 司令腰上抽出宝剑，从 E 点砍了下去。黄金长方形立刻被砍成两部分：正方形 AFED 和长方形 BCEF。

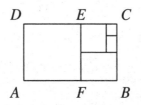

梯形说："长方形 BCEF 是一个小一号的黄金长方形。"他照方抓药，又给小黄金长方形砍了一剑，砍出一个小正方形和一个更小的黄金长方形。他一剑接一剑地砍下去，得到一个比一个更小的正方形和一个比一个更小的黄金长方形。

"妙，妙，妙极啦！"0.1国王高兴得跳了起来，"决定了，就这样决定了！房顶修成三角形的，把房屋、窗户、门都修成黄金长方形的。这样一来，新的小数城既美观又结实！"

说干就干，大家一起动手，没过几天，一座漂亮的小数城重新耸立起来了。

知识点 解 析

黄金比例

黄金分割是指将一个物体分为两个部分，较大部分与整体部分的比值等于较小部分与较大部分的比值，其比值约为0.618。这个比也叫作黄金比例，是公认的最能引起美感的比例。

黄金比例不仅存在于断臂维纳斯雕像、古希腊建筑等古代事物中，在现代生活中也经常出现。例如，正常人的体温是36～37摄氏度，与0.618的乘积为22.2～22.8摄氏度，而我们通常感觉最舒适的温度就正好在22～24摄氏度，在这一温度中，肌体的新陈代谢、生理功能均处于最佳状态。

考考你

下面是故宫博物院里一幅花鸟图的三张照片，你觉得哪一张照片更美丽？为什么呢？动手量一量图中小鸟在照片中的位置，然后将其与整张照片的长和宽进行比较，你能发现什么？

滚来个大圆

小数城原来的城墙在地震中倒塌了，现在新建的小数城里，房屋道路都已修好，只差城墙没修。

0.1 国王说："城墙还是要修的，没有城墙就不像个城市。"

奇奇问："你要修个什么样的城墙？"

"原来的城墙是正方形的，每边长 1000 米，高 2 米。这次重修，城墙要修成黄金长方形的，高度不变，短边长度要 1000 米。"看来 0.1 国王认准黄金长方形了。

奇奇计算了一下，说："你要求短边长 1000 米，那么长边的长度就应该是 $1000 \div 0.618 \approx 1618$（米），比原来多出 618 米，两边加起来就多 1236 米。0.1 国王，你有那么多修城墙的砖吗？"

这时，负责修建小数城的 0.2 汇报说："报告 0.1 国王，所有的砖都用完了！"

0.1 国王把眼睛一瞪，说："到整数王国和分数王国去拉些回来。"

0.2说："整数王国和分数王国的砖都被我们拉来了。"

"这下可就麻烦了！"0.1国王犯愁了。

锐角三角形过来说："把城修成三角形的怎么样？三角形可结实啦！"

0.1国王连连摇头："再结实也不行，你看谁把首都修成三角形的？"他一回头看见了小派，忙对小派说："我们的大数学家，你看修成什么样好呢？"

"三角形你不喜欢，而四边形中数正方形的性质最优越，可是你也不喜欢，我也没办法！"小派两手一摊，表示无可奈何。

钝角三角形凑过来问："你说正方形的性质最优越，我怎么不知道哇？"

小派听得出钝角三角形话中有话。他笑了笑，对长方形说："请你变成一个正方形。"

"好的。"长方形拍了一下自己的长边，口中念念有词，"变短，变短，变短。"大家看见长方形的长边一点点收缩，当缩到和短边相等时，长方形就变成了正方形。

小派在正方形上找到两条对边的中点，然后连接两中点画了一条线。他说："以这条线为轴把正方形的右半边翻叠180°，可以使左右两半边重合。数学上，把具有这样性质的图形叫轴对称图形。正方形就是轴对称图形，他有四条对称轴：两条对边中点连线和两条对角线。"

钝角三角形点了点头，说："嗯，果然奇妙！"

"这还算不上什么奇妙性质，你再看。"小派画出正方形的两条对角线，交点为 M。他以 M 点为中心，把半个正方形在平面内转动了 180°，也使两半部分重合。

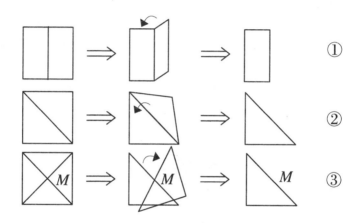

① ② ③

小派说："正方形还是一个中心对称图形，点 M 是他的对称中心。你们三角形家庭的任何成员也不具备这样的性质。"

钝角三角形瞪大了眼睛问："还有吗？"

"还有。"小派毫不含糊地说，"给你一根 4 米长的绳子，让你围出一个四边形，要求四边形所围的面积最大，你知道应该围成什么样的四边形吗？"

钝角三角形眨巴眨巴大眼睛，摇摇头说："不知道。"

"还是正方形!"小派很肯定地说,"面积一定,要使城墙用砖最少,正方形最合适。"

忽然,传来了闷雷一样的声音:"谁说正方形最合适?"接着骨碌碌滚来一个大圆。

大圆对 0.1 国王说:"你把城墙修成圆形的,又省料又好看哪!"

小派一拍大腿:"咳,我把圆给忘了!当围成的面积一定时,圆的周长最小。"

0.1 国王高兴地举起双手,说:"对,修圆形的城墙!"

烦恼与欢乐

小数城全部修建完毕，零国王决定在新建成的小数王宫设宴招待各位贵宾。

小数王宫张灯结彩，这彩灯有三角形的、正方形的、五角星形的、圆形的……千姿百态，美不胜收。

宴会开始，端上来的菜也很有特色，有形状像 2 的烤鸭，有形状像 3 的小炸糕，有形状像 4 的奶酪，有形状像 5 的龙虾，还有形状像 6 的鱿鱼卷……

只见零国王举起酒杯，说："数学王国的诸位国王，各位来宾，咱们虽说早就认识，但是难得聚在一起。来，为咱们数学大家庭的团结，干杯！"

"干杯！""干杯！"来宾都纷纷举杯祝贺。

1 司令感慨地说："整个数学世界不断发展，并不停地前进，真是可喜可贺！"他干了一杯后，接着说："就拿数来说吧，最早只有正整数，后来出现了小数和分数。添加了负数，数就从正数和零扩展到了有理数；添加了无理数，数又从有理数扩展到了实数；实数后来又扩展到了

复数。数的系统就像水的波纹一样，越来越大呀！"

各位国王频频点头，赞赏1司令的高见。忽然，座位上一位身穿元帅服的数发出了抽泣声，大家扭头一看，是2司令。

0.1国王忙问："2司令，你有什么伤心事？"

"现在，人类使用的电子计算机，运算速度别提有多快了，据说1秒钟能运算上亿次！"2司令擤了把鼻涕，说，"电子计算机只使用0和1这两个数。这么一来，数学是发展了，可别的数也没用了，我和偶数军团就被淘汰了！"说着，2司令竟呜呜地哭出声来。

"咳，我以为是什么大不了的事！"零国王笑着说，

"这事儿我知道。不错，电子计算机采用的是二进位制，是逢 2 进 1。平时，人们使用的都是十进位制，就是逢 10 进 1。十进位的 1，2，3，4，5，这几个数，如果用二进位来表示，就是 1，10，11，100，101。从记数的角度来看，还是十进位制简单。比如，9 如果用二进位制来表示，就是 1001，看，是个四位数。况且十进位制有着极广泛的应用。放心吧，你的偶数军团不但不会被淘汰，将来还大有作为呢！"

听了零国王的一番话，2 司令破涕为笑，与大家开怀畅饮。

$\frac{1}{10}$ 国王站起来向每一位客人敬酒，当他来到等边三角形面前时，发现他低着头，闷闷不乐，不吃也不喝。

$\frac{1}{10}$ 国王关心地问："等边三角形国王，您作为三角形王国的一国之主，地位显赫，您有什么不痛快的地方？"

"唉！"等边三角形国王叹了口气，说，"数学发展到今天，一点儿规矩都没有喽！君不成为君，臣不成为臣。就拿我来说吧，我之所以能成为三角形王国的一国之主，还不是因为我的三条边都一样长！"

$\frac{1}{10}$ 国王竖着大拇指说："你这个性质别的三角形都比不了，你这位国王当之无愧！"

"我说的不是这个意思。你们看。"等边三角形国王一扭身，嗖的一声蹦起来，一下子就贴在了大玻璃窗上。他向空中一指，喊了声："灭！"霎那间，宫内的灯一齐熄灭了，只有皎洁的月光透过大玻璃窗洒在地上。从地面上，大家清楚地看到等边三角形国王的影子。

等边三角形国王说："你们量量，我的影子还是等边三角形吗？"

$\frac{1}{10}$国王掏出皮尺一量，三条边果然不相等。

随着贴在玻璃窗上的等边三角形国王不停地转动，地面上三角形的影子也不断地改变着形状。

忽然，等边三角形国王对月亮说："请你升高点儿，好吗？"月亮还真听话，乖乖地升了上去。随着月亮的上升，大家看到地面上三角形的影子变短了许多。过了一会儿，月亮向下降了，三角形的影子也随着月亮的下降而变长。

"妙！"各位国王齐声称赞。

"妙什么！"等边三角形国王发火了，他嚷道，"按现代数学的观点，我和臣民没什么区别。通过某种'变换'，臣民和我可以相互变换。月光透过窗户照到地面上，就是一种变换。在这种变换下，我可以变成锐角三角形、钝角三角形，甚至直角三角形，而把他们中任何一种贴在窗户上，也能变成我！"

"啊，在变换下，君臣不分，这不是乱了套了吗？"

几位国王大惊失色。

零国王笑嘻嘻地说："你们可真想不开。在某种变换下，等边三角形和别的三角形可以互换，不正好说明你们是同祖同宗、关系密切吗？君臣关系密切有什么不好？只有数学发展了，才能揭示出这种本质的联系。"

大家一琢磨，零国王的话说得还真在理，也都转忧为喜了。

"这样变过来，又变过去的，真好玩儿。"正方形也贴到玻璃窗上，月光下，他在地面的影子一会儿变成了长方形，一会儿又变成了平行四边形。

圆也跳到窗户上去一试，他的影子变成了椭圆。

零国王送走了小派和奇奇兄弟俩，然后对大家说："各位，大家的心事都已经解决了，来，咱们一起跳舞吧！"在零国王的倡议下，各位国王和来宾在优美的乐曲声中，跳起了数学华尔兹舞。大家消除了隔阂，消除了烦恼，团结一致，为数学的发展携手前进。

答 案

总出难题的 2 司令

240

谁是最傻的数

$41 = 2^0 + 2^3 + 2^5$

古今分数之争

因为 $\frac{1}{9} + \frac{1}{3} + \frac{1}{2} = \frac{17}{18}$，因此再借一只鸡，分给老大2只，老二6只，老三9只，分完后再把这只鸡还给别人。

古埃及分数的绝招

496（答案不唯一）

乌龟壳上的奥秘

4行4列加两条对角线，共10组。

速算专家数 8

扩大到原来的10倍。

两个国王斗法

$\dfrac{416 - 41}{900}$，$\dfrac{680124 - 680}{999000}$

撩开特殊人物的面纱

5

假分数叛乱

$\dfrac{9}{10}$，$\dfrac{10}{10}$，$1\dfrac{1}{10}$

狮虎纵队战老鹰

59

孙悟空遇到的难题

不能，因为实数轴上两者之间没有空隙。

重建小数城

第一幅图中的鸟无论是从上往下，还是从左往右都是在画面的黄金分割点上。

数学知识对照表

书中故事	知识点	难度	教材学段	思维方法
总出难题的2司令	奇妙的数列	★★★	六年级	牢记等比、等差数列公式，弄清项和项数
谁是最傻的数	2的幂次方	★★★	五年级	拆分，凑和
古今分数之争	单位分数的运用	★★★★★	五年级	逆向思维
古埃及分数的绝招	神奇的完全数	★★★★★	五年级	掌握规律，尝试计算
乌龟壳上的奥秘	数字之谜	★★★	四年级	观察，计算
速算专家数8	小数点的移动	★★★	四年级	用算式表述题目语言
两个国王斗法	循环小数变分数的奥秘	★★★★★	五年级	转化，计算
撩开特殊人物的面纱	用字母表示数	★★★★★	五年级	找不变量
假分数叛乱	真分数和假分数	★★★★	五年级	转换，计算
三角形显神威	三角形的稳定性	★★★	四年级	三角形特性的实际应用
狮虎纵队战老鹰	找规律	★★★★★	六年级	观察特点，有序思考，找出规律
孙悟空遇到的难题	$0.\dot{9}=1$的奥秘	★★★★★	五年级	极限思想
重建小数城	黄金比例	★★★	六年级	测量，计算